WUSHUI CHULI QIYE
JINGYING GUANLI SHIWU

污水处理企业
经营管理实务

主 编 ○ 樊河山

西南财经大学出版社
Southwestern University of Finance & Economics Press
中国·成都

图书在版编目（CIP）数据

污水处理企业经营管理实务 /樊河山主编;李晓辉等副主编.—成都:西南财经大学出版社,2023.8
ISBN 978-7-5504-5830-7

Ⅰ.①污… Ⅱ.①樊…②李… Ⅲ.①污水处理厂—企业经营管理 Ⅳ.①X505

中国国家版本馆 CIP 数据核字(2023)第 123317 号

污水处理企业经营管理实务

WUSHUI CHULI QIYE JINGYING GUANLI SHIWU

主　编　樊河山

副主编　李晓辉　肖付创　赵　鹤　常洪芳　李利强
　　　　韩　涛　聂守俊　徐　超　陈建东　毛东娜

责任编辑:李晓嵩
责任校对:杨婧颖
封面设计:何东琳设计工作室
责任印制:朱曼丽

出版发行	西南财经大学出版社(四川省成都市光华村街 55 号)
网　　址	http://cbs.swufe.edu.cn
电子邮件	bookcj@ swufe.edu.cn
邮政编码	610074
电　　话	028-87353785
照　　排	四川胜翔数码印务设计有限公司
印　　刷	郫县犀浦印刷厂
成品尺寸	185mm×260mm
印　　张	11.25
字　　数	245 千字
版　　次	2023 年 8 月第 1 版
印　　次	2023 年 8 月第 1 次印刷
书　　号	ISBN 978-7-5504-5830-7
定　　价	29.80 元

编 委 会

主　　编：樊河山

副主编：李晓辉　　肖付创　　赵　鹤　　常洪芳　　李利强
　　　　　韩　涛　　聂守俊　　徐　超　　陈建东　　毛东娜

编　　委：樊景亮　　栗远超　　郭广鹏　　勾雪倩　　张天俊
　　　　　王　琛　　王志栋　　王瑞英　　王金莹　　王明珠
　　　　　原丽霞　　张领飞　　肖　飞　　苗　园　　胡　月
　　　　　王永青　　杨万祥　　李允鹏　　孟庆洁　　张育豪
　　　　　徐　斌

序

2023 年的国务院《政府工作报告》提出:"推进资源节约集约利用。" 2023 年"节水中国 你我同行"联合行动于 2003 年 3 月 22 日至 6 月 30 日开展,该项活动旨在增强全民节水意识,推动国家节水行动深入实施。这一切都为包括污水处理企业在内的再生水相关行业发展创设了良好的社会环境。

污水处理行业是保证国家水资源节约政策落地的重要行业。为履行水资源节约的使命与责任,相关企业必须加强自身的科学管理,从提高从业人员的职业素质入手,全面提升企业的核心竞争力,通过企业顺利转型升级来提高对水资源节约的贡献率。

我国是一个水资源短缺的国家,水在人民生活生产中的重要性不言而喻。由于自然原因与社会原因,河南的水资源短缺也日益明显,加强水资源管理,提高本地污水处理企业管理水平对于河南而言同样极其重要。

伴随我国经济进入高质量发展阶段,新型城镇化、农业现代化和新型工业化的进程也将进一步加快,各行业对水资源的需求量也会大幅度增加,水资源短缺或将成为我国经济社会发展的瓶颈,并且也是实现地区产业转型升级优化不可回避的严峻问题。

河南地处中原,在中国经济版图中的地位可谓举足轻重,在科技与创新"双轮"驱动下,河南产业升级转型方兴未艾。水作为核心生产资源要素,对河南产业升级转型的作用日益凸显。相较于其他水处理企业,污水处理企业投资少、见效快,项目管理和实施成本低;同时,科技元素渗透也可以倒逼污水处理企业进行全面技术创新，为河南绿色经济发展助力赋能。

　　本书是在当下河南污水处理企业自身管理能力亟待提高，从业人员职业素质与科技素养亟待全面提升的背景下撰写的。本书在编写体例设计上突出"应用、实用、管用"的思想，通过污水处理企业鲜活的管理实践案例，丰富和完善了传统的企业管理思想与管理理论。本书在内容层次设计上符合一般企业运作的现实逻辑、符合污水处理企业的基本业务流程和技术应用。本书的思想认识起点高、政策把握准、节能环保意识强、创新方法实，对污水处理企业全面提高效能具有一定的指导意义。

　　相信本书的出版将会为企业繁荣发展提供坚实的范式指引，也会成为企业周期性培养现有与后备人才的教学范本。

编者

2023 年 8 月

前言

随着全球经济逐渐恢复，我国经济发展进入调整恢复期，城市化进程会再次启动并加快，政府政策性红利也逐渐放大。新型冠状病毒感染疫情客观上助推了智能化、数字化进程。数字化转型成为企业未来发展主要方向，数字技术与管理手段实现深度融合的技术条件已经初步具备。作为生态、环保、低碳、再生资源利用多重角色并重的污水处理企业，其需要在社会效益与经济效益两个方面寻求平衡，并充分利用数字技术衍生出的生产运营模式、管理制度模式，逐步颠覆传统业态的管理模式，实现经营模式的重整与创新。

绿色数字经济时代，众多再生资源企业顺应技术的加持与赋能，实现全产业绿色数字化转型。数字化与生产运营深度融合逐渐变成现实，两者的天然联系与逻辑关系逐渐被人们认识。本书首先把环保资源再利用等理念与现代数字管理手段相互赋能整合在一起，其次将各知识模块变成集约模式并进行梳理介绍，保证技术知识内容与行业发展、国家政策与企业管理现状、企业主流业务与衍生业务相互衔接，构建具有现代意义上的污水处理企业运营管理体系。

行业培训的课程设置必须以行业发展现状、企业岗位要求以及政府政策导向为基准和依据。未来，企业传统管理模式将会被企业智能化、数字化管理取代，相应的复合型技能型员工的培养成为最紧迫的任务。企业内部培训和高校人才培养在相应的课程教学中也要倡导专业间的"跨界无界"思想，将数字技术与传统管理理论、绿色环保与资源再利用、水资源保护与污水处理技术融合成一门完整的课程，并对接相应的现代企业智能化、数字化管理制度建立的实际需要，使企业人员培训与行业发展需求相互契合。

本书共有十一章，内容突显学科、专业、行业的交叉融合以及助力行业技术与制度创新。

再生资源企业绿色数字化转型是一个全新的课题，本书尝试将数字化与绿色低碳资源利用相融合。由于作者能力有限，许多观点需要不断在实践中检验，不当之处敬请指正。

编者

2023 年 8 月

目录 CONTENTS

第一章

再生资源利用与产业发展

再生水是再生资源的组成部分之一，再生资源的回收与利用是资源综合利用的重要组成部分之一。因此，污水处理行业应坚持采取合理利用资源、减少环境污染和提高经济效益的重要措施。

第一节　再生资源概述

再生资源是指在社会生产和生活消费过程中产生的，已经失去原有全部或部分使用价值，经过回收、加工处理，能够使其重新获得使用价值的各种废弃物。其中，加工处理仅限于清洗、挑选、破碎、切割、拆解、打包等改变再生资源密度、湿度、长度、粗细、软硬等物理性状的简单加工。

根据《国务院关于加强再生资源回收利用管理工作的通知》（国发〔1991〕73号）的规定，再生资源主要是指社会生产和消费过程中产生的可以利用的各种废旧物资，其中包括企事业单位生产和建设中产生的金属和非金属边角废料、废液，报废的各种设备和运输工具，城乡居民和企事业单位出售的各种废品和旧物。再生资源的主要品种如图1-1所示。

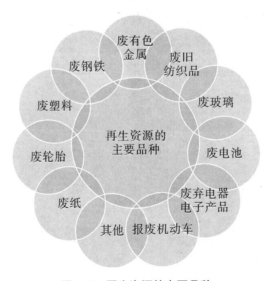

图1-1　再生资源的主要品种

一、再生资源利用状况

目前，全世界范围内，对再生资源的利用高度重视。我国再生资源行业发展与欧美等发达国家相比还有一定的差距。仅以废旧塑料为例，我国废塑料的回收率不到25%，远低于发达国家水平。正因为如此，我国再生资源产业才具有较大的发展空间。

（一）全球再生资源利用

从全球来看，再生资源产业能够持续发展必须建立在以下基础之上：本国存在大量的废弃物、废弃物具备有用的属性、有把废弃物再资源化的技术、存在对再生产品的需求。发展再生资源产业必须借助高新技术，开发使废弃物转化和再利用的技术。

1992 年，联合国环境与发展大会提出了可持续发展道路之后，欧洲国家首先倡导循环经济发展战略，并得到全世界的广泛响应，再生资源产业越来越受到各国政府的重视。再生资源产业被许多国家视为发展循环经济的关键，因此再生资源产业得到迅速发展。

（二）中国再生资源利用

从 20 世纪五六十年代起，为了解决社会物资严重匮乏问题，我国大力提倡勤俭节约、"收旧利废"，建立起了较完善的废旧物资回收系统。20 世纪 90 年代以来，为了实现资源再利用，减轻环境污染，国家先后推出一系列优惠扶持政策，再生资源回收利用行业得到了迅猛发展。据统计，2022 年，我国再生资源回收规模略有下降，回收总额约为 9 400 亿元。废钢铁、废有色金属、废塑料、废纸等 10 类主要再生资源回收利用量达 3.8 亿吨，主要品类回收总额约为 9 000 亿元。

随着国家对再生资源高度重视，相关产业政策、金融政策越来越完善，相关企业的发展路径将更加通畅。有条件有能力的再生资源回收企业的优势愈发明显，法治化推动下的绿色产业规范发展新趋势也将为相关企业带来更广阔的市场空间。

（三）美国再生资源利用

1976 年，美国开始推行循环经济，注重废弃物的回收。美国政府制定了《固体废弃物处置法》。1993 年，美国总统克林顿下令所有政府机构的办公用纸中再生纸必须占 20%，之后这一比例又提高到 30%。2003 年，美国加利福尼亚州率先通过了"电子垃圾法规"——《电子废物再生法案》。2013 年 5 月 30 日，美国出台《可再生与绿色能源存储技术法案》，该法案也被称为《存储法案》（*STORAGE Act*），旨在促进美国能源存储技术的部署。

（四）德国再生资源利用

德国是世界上发展循环经济最早的国家之一，也制定了一套较为完善的循环经济的法律体系，包括法律、条例和指南。德国的相关立法最初从对废弃物的处理开始。1972 年，德国制定了《废弃物处理法》，强调废弃物的末端处理。1986 年，德国对该法进行了修订并改称为《废弃物限制处理法》，从"怎样处理废弃物"提高到"怎样避免废弃物的产生"，强调避免废弃物产生和循环利用废弃物。1996 年，德国出台《物质闭路循环与废物管理法》。该法律的主要宗旨是促进循环经济发展，保证垃圾得到最大限度的再利用。2000 年，德国通过了《可再生能源法》。该法建立在德国 1990 年出台的《可再生能源发电向电网供电法》的基础之上，被视为世界上关于清洁可再生能源立法的有益探索。

二、再生资源产业构成

发展再生资源产业必须运用物质流分析与管理的思想，系统考虑经济、社会和生态环境各个方面的不足和潜力，建立关键合作伙伴间的信息交流和合作关系网，通过增加物质循环量，提高资源回收和循环利用率，将废物流变成资源流。

发展再生资源产业不仅要对经济系统进行物质流分析与管理，还要运用生命周期理论，对产品从最初的原材料采掘到原材料生产、产品制造使用以及用后处置的全过程进行跟踪和定性评价，从而更好地把握各种废弃物的资源价值和转化方向，降低资源再生、综合利用的总成本，全面提高经济效益、社会效益和生态效益。

再生资源产业（recycling industry）是相当庞大且分散的系统。目前，我国还没有对再生资源产业做出权威的界定。

（一）再生资源产业的三项核心活动

再生资源产业主要由从事再生资源回收、加工和利用三大核心活动组成。

1. 再生资源回收活动

再生资源回收的主要内容是将分散在社会生产和生活中的各种废弃物进行收运和贸易流通，其中还包括简单拆解、清理、分类以及适当的分割、粉碎、打包、压块等初加工。此外，仍具有原产品基本使用价值的旧货流通也是再生资源回收活动的一项内容。

2. 再生资源加工活动

再生资源加工活动的主要内容是将回收的各类再生资源，如废旧铜、铝和塑料经过分拣、熔炼、拉丝造粒等环节加工成再生资源中间产品，为制造企业深加工、得到再生资源的制成品提供原料。此外，各类拆解业，如报废汽车、船舶、电子产品、机电设备以及进口废五金电器、废电线电缆和废电机等的拆解，也是再生资源加工活动的一部分。

3. 再生资源利用活动

再生资源利用活动的主要内容是以各种再生资源中间产品为生产原料进行深加工，制造出全新使用价值的物品，涉及冶金、化工、机械、纺织等工业生产领域。根据再生资源原料用量占企业全部生产原料的比例，企业可以划分为以再生资源为主要原料的专业再生资源利用企业、以再生资源为部分原料的一般企业，后者也是再生资源加工利用活动的参与者。例如，废钢铁通常是钢铁冶炼厂回炉炼钢的重要原料。

总之，围绕再生资源产业三项核心活动，再生资源产业还包括一些从事与再生资源生产相关的辅助活动单位。其主要包括再生资源加工利用机械制造企业和再生资源运输企业。

再生资源产业链如图 1-2 所示。

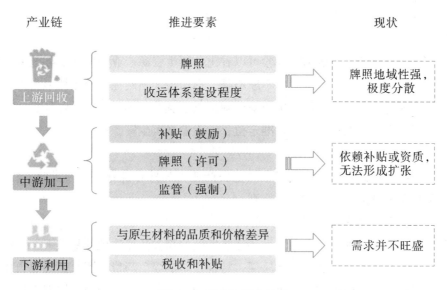

图 1-2 再生资源产业链

除上述核心活动外，再生资源的相关科研机构及信息服务机构还包括再生资源集散市场等交易组织、各类再生资源交易网站、再生资源科研院所、再生资源专业咨询机构等。这些也属于再生资源产业。以上部门和单位虽然不直接从事再生资源的回收和利用，但为再生资源产业的推进提供了必要的支持。

（二）再生资源产业发展的趋势

目前，业内有将再生资源认定为第四产业的说法，但是这需要在政府层面加以进一步认定。法律调整和政策的推动作用十分必要。尽快出台相关政策，形成产业规模，将有利于缓解我国资源紧缺、浪费较多、污染较为严重的矛盾。

1. 前景广阔

目前，再生资源产业已成为全球发展最快的朝阳产业之一。20 世纪末，发达国家再生资源产业规模为 2 500 亿美元；21 世纪初，发达国家再生资源产业规模已增至 6 000 亿美元；2020 年，发达国家再生资源产业规模已经达 2.8 万亿美元。据估计，在未来 30 年，再生资源产业为全球提供的原料将由目前占原料总量的 30% 提高到 80%，产值超过 3 万亿美元，提供就业岗位 3.5 亿个。

2. 有发展空间

总体上，中国再生资源产业与发达国家再生资源产业相比，产生背景、发展模式和发展阶段等方面都存在不同。但是，世界各国再生资源产业的发展历程也具有许多共同点，借鉴国外再生资源产业发展的经验有助于促进我国再生资源产业健康快速发展，建立有中国特色的绿色循环经济发展模式。概括来讲，发达国家发展再生资源产业的经验主要表现在废弃物处理的法治化、废弃物处理的责任制、废弃物处理的经济机制、废弃物管理的规范化、废弃物回收体系的网络化、废弃物再利用的市场机制、环境意识的社会化七个方面。

3. 产业需要定位

从发展再生资源产业的国际经验可以看出，再生资源产业的发展实际上随着市场经济的不断完善和人们环境意识的不断增强，而历经了强制性→自觉性→自发性的发展过程。我国现在还处于发展再生资源产业的初级阶段，在废物的再回收、再利用、再循环方面存在较大的潜力，应找准定位，大力发展再生资源产业。

（三）再生资源产业发展的基本原则

再生资源产业是未来经济发展中的重要产业，其具有自身特有的发展变化规律，我们必须尊重其特点，掌握推进的原则。

1. 环境立法与科技政策相结合

我国在落实国家现行的有利于循环经济发展的相关法律法规的基础上，应制定和完善促进再生资源产业发展的法律法规，特别是制定绿色消费、资源循环、再生利用方面的法律法规，激励废弃物利用、废旧家电利用、汽车回收利用的快速发展，加快再生资源产业系统建设，使各项工作有法可依。国家应确立再生资源产业在社会经济发展中的地位，规定政府、企业、公众在发展再生资源产业中的权利和义务，以立法的形式明确再生资源产业发展规划和管理体制，同时出台一系列鼓励再生资源的科学技术研究的有关条例，借助政策的扶持与推动，建立再生资源产业体系。

2. 科技创新与标准化相结合

发展再生资源产业的关键在于研发及应用各种再生技术，这就必须实施科技创新政策和标准化政策协调统一的措施。国家应建立有利于再生资源产业发展的标准技术体系，充分发挥科学技术的核心作用。目前，我国要加强再生资源回收行业的标准化建设，制定再生资源分类、回收、加工和利用各环节的技术标准。我国要建立再生资源回收行业指标体系和统计体系，并将其纳入国民经济和社会发展统计体系中去。

3. 政府监管与政策促进体系相结合

《再生资源回收管理办法》提出了对再生资源回收企业实行登记备案制度，对再生资源回收监督管理遵循地方政府负责的原则，对回收网点和市场的设立做了原则性规定，将再生资源回收工作纳入法治化轨道。但是，我们应该认识到，再生资源产业不仅是商业行为，还带有很强的社会公益性。要保障这个行业的进一步发展，还需要研究采取进一步的政策促进措施，建立有利于再生资源产业发展的政策促进体系。在财政体制和投资体制改革的过程中，国家应研究加大公共财政对再生资源产业的支持力度，在信贷等方面给予必要的支持。对经济效益差但社会效益显著的不易回收的再生资源，国家在政策上应予以鼓励和支持。对再生资源回收体系建设示范项目，国家应给予资金补助、贷款贴息，发挥政府投资对社会投资的引导作用。

4. 专业组织运作与公民意识培养相结合

在推动再生资源产业发展过程中，除充分运用行政、法律、经济等手段，建立包括绿色产权、生产、消费、回收、财政、税收、投资制度等绿色保障制度外，还应以经济利益为纽带，发挥市场机制在推进再生资源产业发展中的作用，使再生资源产业的具体模式中的各个主体形成互补互动、共生共利的关系，实现环境资源的有效配置。国家除了建立专业的资源再生组织进行废弃物的回收利用外，还必须加强对公民环境意识的培养教育，以利于资源的回收，使再生资源产业有充足的原料（废弃物）输入，真正发挥再生资源产业的静脉回流作用。

（四）再生资源产业发展战略

再生资源产业发展是生态文明建设的重要内容，是实现绿色发展的重要手段，也是应对气候变化、保障生态安全的重要途径。推动再生资源产业健康持续发展，对转变发展方式、全面推进绿色制造、实现绿色增长，具有重要意义。

1. 必须从战略高度充分认识

再生资源产业在国民经济和社会发展中占有重要地位，各地方各部门要把大力发展再生资源产业作为发展循环经济、建立节约型社会、增强可持续发展能力的重要举措，纳入国民经济和社会发展的总体规划，并为再生资源产业发展提供政策、制度、资金和组织保障。国家要进一步加大宣传力度，增强全社会的资源意识和环境意识，尤其是要增强自觉利用再生品的意识，为再生资源产业发展奠定坚实的社会基础。

2. 制定并完善再生资源产业发展规划

制定并完善再生资源产业发展规划是实施战略管理的第一步，相关部门要加强对再生资源产业的调查研究，制定并完善再生资源产业发展战略，明确再生资源产业的指导思想、发展目标与工作重点，逐步形成资源来源多元化、回收利用规范化、流通加工专业化的再生资源产业发展模式。国家要明确再生资源产业发展的行业和地区布局，优化资源部署，加快再生资源产业的市场化、规模化和产业化进程；建设具有一定规模和水平的加工基地和示范区，并以此为中心形成较为完善的再生资源产业链，提高资源的回收率；研究开发一批急需的废弃物无害化处理技术和资源再生技术，引进、消化、吸收国际资源再生技术，尽快提高再生资源产业的技术水平。

3. 确立再生资源产业重点领域

发展再生资源产业，加强资源综合利用，目的是对有限的资源进行可持续的利用和有效的保护。目前，我国应确立再生资源产业发展的重点领域，并逐渐扩大到再生水的利用；抓好煤炭、黑色金属和有色金属共伴生矿产资源的综合利用；推进粉煤灰、煤矸石、冶金和化工废渣及尾矿等工业废物利用；推进秸秆、农膜、禽畜粪便等循环利用；建立生产者责任延伸制度，推进废纸、废旧金属、废旧轮胎和废弃电子产品等回收利用；加强生活垃圾和污泥资源化利用。再生资源战略构想如图1-3所示。

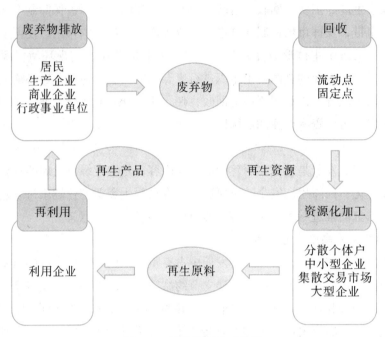

图 1-3　再生资源战略构想

三、再生资源的概念及其利用

自然界存在的一切物质当被人类利用并为人类带来效益时被称为资源。被利用的物质是自然物，称为自然资源；被利用的物质是人类社会经济活动的产物，称为社会经济资源。再生资源是社会经济资源的重要组成部分。

（一）再生资源的概念

再生资源也被称为"无废技术"，该技术是在资源可再生的基础上产生的。1984年，联合国欧洲经济委员会对无废技术的定义如下：无废技术是一种生产产品的方法。借助这一方法，所有的原料和能源将在原料资源、生产、消费、二次原料资源的循环中得到最合理的利用，同时不致破坏环境。

1. 再生资源利用的核心

社会经济资源起源于自然界，又受到人类活动影响，并打上人类劳动的印迹。例如，工农业、交通、通信等设施设备及部分被人们经过劳动改变性状的原材料，均属于社会经济资源。以其中的原材料为例，矿石与钢铁、煤炭与焦炭、面粉与面包、棉花与棉纱、布匹与服装等，虽然人类活动介入的程度不同，社会劳动投入量有差异，但均属于社会经济资源。

2. 再生资源利用的范围

一般认为，采矿的尾砂、废钢铁、废有色金属、煤矸石、粉煤灰、废旧塑料、废旧纸张、破碎玻璃、废旧衣服、腐烂变质的食品及肉类、废水和废气等资源都可以纳入再生资源范围之内。

但是，只要对上述工业垃圾和生活垃圾稍加分析就会发现，其中废钢铁和废有色金属等早已被利用，腐烂变质的食品及肉类至今尚未被利用，还有一些工业垃圾和生活垃圾正在从少到多被逐步利用。其利用的广度和深度，取决于社会需求、技术和经济等因素。

随着社会经济的发展和技术的进步，工业垃圾和生活垃圾越来越多地作为社会经济资源回收利用，称为资源再生。这一类被利用的经济资源称为再生资源。因此，再生资源是指在人类社会生产活动和生活过程中产生的，无使用价值或失去使用价值的废弃物，经过加工重新获得使用价值的物资的总称。

（二）再生资源的优势

与使用原生资源相比，使用再生资源可以节约大量能源、水资源和生产辅料，降低生产成本，减少环境污染。同时，许多矿产资源都具有不可再生的特点，这就决定了再生资源回收利用具有不可估量的价值。

1. 产业发展潜力大

截至 2021 年年底，我国废钢铁、废有色金属、废塑料、废纸、废轮胎、废弃电器电子产品、报废机动车、废旧纺织品、废玻璃、废电池（铅酸电池除外）十个品种再生资源回收总量约为 3.81 亿吨，同比增长 2.4%，其中废塑料、废纸、报废机动车、废旧纺织品、废电池（铅酸电池除外）的增长量均超过了 10%。

2021 年，上述十个品种再生资源回收总额约为 13 695 亿元，同比增长 35.1%，所有品种再生资源的回收额均呈增长态势。其中，增速最快的为报废机动车，回收额同比增速高达 62.4%；其次是废电池（铅酸电池除外），同比增长 61.6%。

此外，近年来，我国每年还进口各类再生资源 2 000 多万吨。如果加上工矿企业自收自用的废料，我国每年再生资源回收利用值可达 4 000 多亿元。

2. 关联产业可以提供更多就业机会

再生资源回收行业在政府相关部门的关注和政策的扶持下，回收体系不断完善，再生资源回收总量和回收总值呈现上升趋势，从业人员达 240 万人。若包括进城收废品的农民工，我国废旧物资回收行业的就业人数有近 1 200 万人。

3. 对社会经济发展的贡献率逐步提高

回收利用再生资源，不仅有较好的经济价值，还有可观的社会效益和环境效益。"十四五"时期是我国推动经济社会全面发展、向绿色发展转型的关键时期，也是推动减污降碳协同增效、促进再生资源回收产业绿色发展和高质量发展的关键时期。随着《中国再生资源回收行业发展报告（2022）》的发布，中国物资再生协会以准确、全面、权威的行业统计报告持续助力再生资源行业健康快速发展，为实现"双碳"目标奠定坚实的基础。再生资源产业的发展节省了因垃圾大量填埋而占用的宝贵土地资源，并减少了对大气的污染。

(三)"互联网+再生资源"平台

激发"互联网+再生资源"平台产业模式全产业链发展势不可挡。有研究者从再生资源产业发展现状、"互联网+再生资源"平台发展模式、"互联网+再生资源"发展趋势以及推动"互联网+再生资源"平台发展的关键措施四个方面详细讲解了再生资源产业转型升级目标的实现,为再生资源产业发展献计献策,为企业普及互联网经济与实体经济协同发展的重要性,进而推动"互联网+再生资源"深化发展。

1. "互联网+再生资源"平台成为循环经济创新发展的新引擎

"互联网+再生资源"已成为未来发展的大趋势,"互联网+再生资源"平台将会推动劳动生产率进一步提高,形成网络经济与实体经济协同互动的发展格局。再生资源产业将会向规模化、集中化、技术化、产业化发展,更紧密连接线上线下,提供更便捷普惠的服务;以更开放包容的环境,破除产业发展障碍,实现资源共享,完善全产业链。

2. 加快推动"互联网+再生资源"平台发展

推动"互联网+再生资源"平台发展的措施如下:一是建议和推动完善国家顶层设计,二是完善"互联网+再生资源"回收利用体系和在线交易体系等体系建设,三是建立"互联网+再生资源"平台运营人才发展战略,四是完善融资服务,五是强化技术支撑,六是推动企业布局海外市场。"互联网+再生资源"平台产业交易模式如图1-4所示。

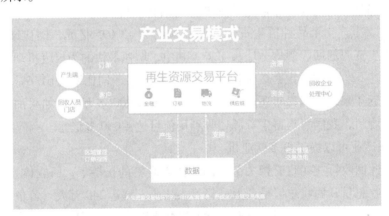

图1-4 "互联网+再生资源"平台产业交易模式

3. 提升和完善"互联网+再生资源"在线交易的应用

中国物资再生协会由从事再生资源循环利用的企业和相关的科研机构、教育机构、社会团体以及个人等成员组成,是全国性、专业性、行业性的再生资源和循环经济行业在线交易领域的行业协会。

该协会致力于促进"互联网+再生资源"在线交易推广和应用,建立协同互惠机制,推进再生资源在线交易持续创新以及再生资源产业链的健康发展,实现物资再生资源跨企业、跨行业、跨区域循环利用。该协会完善在线交易平台交易流程和行业信用评估手段，防范和化解在线交易风险，加强和规范行业自律与治理，解决处理在线交易纠纷，营造良好的再生资源在线交易环境，培育再生资源龙头企业。

"互联网+再生资源"在线交易平台将企业之间和产业之间的物资流、信息流、资金流紧密结合在一起，提高交易效率，保障了再生资源交易的安全稳定性，不仅给企业带来了便捷，也促进了再生资源产业链的健康发展。

第二节　再生水与水资源再利用

中国是水资源匮乏的国家，但目前还没有规模以上的中水利用专项工程，专项资金也有一定缺口。各城市的中水利用量是根据该城市的缺水程度不同而定的。近年来，伴随城市的扩张，巨大的生活与工业用水需求，迫切要求最大可能利用中水。

一、再生水概述

"再生水"的名称源于日本，"再生水"的定义有多种解释，在污水工程方面称为"再生水"，在工厂方面称为"回用水"，一般以水质作为区分的标志。

（一）再生水的概念

再生水主要是指城市污水或生活污水经处理后达到一定的水质标准，可以在一定范围内重复使用的非饮用水。城市污水经处理设施深度净化处理后的水（包括污水处理厂经二级处理再进行深化处理后的水，大型建筑物、生活社区的洗浴水和洗菜水等经集中处理后的水）统称为"中水"。

再生水水质介于自来水（上水）与排入管道内污水（下水）之间，故名为"中水"。中水的利用又称污水回用。在美国、日本、以色列等国，厕所冲洗、园林和农田灌溉、道路保洁、洗车、城市喷泉、冷却设备补充用水等，都大量使用中水。城市再生水工艺流程如图1-5所示。

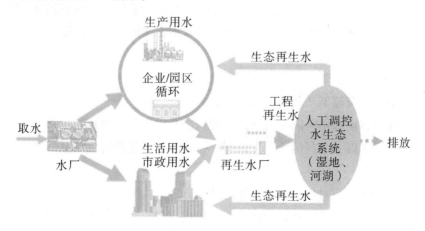

图1-5　城市再生水工艺流程

中水的水质介于污水和自来水之间，是城市污水、废水经净化处理后达到国家标准，能在一定范围内使用的非饮用水，可用于城市景观和百姓生活的诸多方面。为了解决水资源短缺问题，城市污水再生利用日益显得重视，城市污水再生利用与开发其他水源相比具有优势。

首先城市污水数量巨大、稳定、不受气候条件和其他自然条件的限制，并且可以再生利用。污水作为再生利用水源与污水的产生可以同步发生。也就是说，只要城市污水产生，就有可靠的再生水源。

同时，污水处理厂就是再生水源地，与城市再生水用户相对距离近、供水方便。污水的再生利用规模灵活，既可以集中在城市边缘建设大型再生水厂，也可以在各个居民小区、公共建筑内建设小型再生水厂或一体化处理设备，其规模可大可小，因地制宜。

（二）再生水的发展动因

目前，推动再生水行业不断发展的原因主要体现在以下几点：

1. 用水量需求有上升趋势

随着人口不断增长，世界性的水荒在不断蔓延，这在广大发展中国家尤为突出。即使发达国家人口增长出现负值，城市化的进程也会带来水资源的紧张。在这种形势下，各国必须开发新的水源，而污水再生利用因为自身的诸多优点，越来越被认为是一种重要的水资源。目前，很多国家和地区都采纳了更为综合性的水资源规划和管理方式。新加坡采纳的"国家四大水喉"战略便是颇具代表性的范例，该战略整合了本地集水、进口水、再生水和淡化水四种水源，以满足国家的用水需求。

2. 水资源有逐渐减少趋势

近年来，全球区域性干旱频发。以蒙古国为例，在过去的约 80 年中，该国的平均气温上升约 2.25 摄氏度，远高于全球平均气温上升速度。同一时期，蒙古国年降水量减少 7%~8%，特别是春夏等暖季降水量减少幅度十分明显。截至 2022 年年底，蒙古国总土地面积的 76.8% 已遭受不同程度的荒漠化，并且情况还在恶化。据官方数据，过去十年是蒙古国近 80 年中经历的最热的十年，干旱、炎热导致 1 244 条大小河流、湖泊干涸或断流。以色列等国实施了含水层蓄水回采计划，提供多年再生水储存，可供干旱年份作为农业灌溉用水。

3. 环境政策日趋严格

以美国南湾水资源循环利用项目为例，美国环境保护署限制圣何塞-圣克拉拉污水处理厂在夏季将出水排入旧金山湾，以便保护几种濒危物种赖以生存的盐碱滩栖息地。对此，该厂不得不进行污水再生处理，将再生水配送给附近的卫生区利用，保证夏季实现"零排放"。

污水再生利用是应对严格环境政策的备选方案。在某些情形下，由于实行了严格的出水排放标准，对将出水排入当地水体的传统方式，污水再生利用成为一种经济的替代方案。例如，关于地表水排放，为了避免水体恶化，政府常常要求进行营养物去除。北京已经全面实施将中心城污水厂升级改造为高品质再生水厂工程。升级改造后，出水主要指标将达到地表水Ⅳ类标准，向城市河湖、工业、绿化等领域提供高品质再生水。为污水处理厂排放寻找一种经济的解决方案并满足环保约束条件，已经成为世界多国实施污水回用项目的主要驱动力之一。

4. 经济发展迫切需要

对于工业用户来说，生产用水消耗成本已经很高，使用再生水进行生产会获得更大的收益，尤其像北京、西安、兰州等缺水城市，已经从政策上禁止使用自来水进行生产。再生水的利用会节省大笔资金。

二、再生水的利用

城市生活污水是主要的地下水污染源之一，提高污水处理率并进行污水处理设施升级改造是进行地下水污染防治的主要措施。

（一）再生水的利用的可行性

再生水的利用在我国得到重点扶持，相关行业存在显著的投资机会。

1. 技术可行性

在技术方面，再生水在城市中的利用目前已基本不存在任何技术问题，目前的水处理技术可以将污水处理到人们所需要的水质标准。城市污水所含杂质少于0.1%，采用的常规污水深度处理，如滤料过滤、微滤、纳滤、反渗透等技术。经过预处理，滤料过滤处理系统出水可以满足生活杂用水，包括房屋冲厕、浇洒绿地、冲洗道路和一般工业冷却水等用水要求。微滤膜处理系统出水可以满足景观水体用水要求。反渗透系统出水水质远远好于自来水水质。

国内外大量污水再生回用工程的成功实例，也说明了污水再生回用于工业、农业、市政杂用、河道补水、生活杂用、回灌地下水等在技术上是完全可行的。为配合国内城市开展城市污水再生利用工作，相关部门和机构编制了《城市污水处理厂工程质量验收规范》《污水再生利用工程设计规范》《建设中水设计规范》等污水再生利用系列标准，为有效利用城市污水资源和保障污水处理的质量安全提供了技术数据。

2. 经济可行性

城市污水采取分区集中回收处理后再用，与开发其他水资源相比，在经济上的优势如下：

（1）比远距离引水便宜。城市污水资源化就是将污水进行二级处理后，再经深度处理作为再生资源回用到适宜的位置。从经济角度看，城市污水利用的基建投资远比远距离引水经济。资料显示，将城市污水进行深度处理到可以回用于杂用水的程度，基建投资相当于从30千米外引水；若处理到回用于高要求的工艺用水，其投资相当于从40~60千米外引水。

许多国家将城市中水利用作为解决缺水问题的选择方案之一，也是节水途径之一，从经济方面分析来看是很有价值的。实践证明，污水处理技术的推广和应用势在必行，中水利用作为城市第二水源也是必然的发展趋势。

（2）比海水淡化经济。城市污水中所含的杂质少于0.1%，而且可用深度处理方法加以去除，而海水中含有3.5%的溶盐和大量有机物，其杂质含量为污水二级处理出水的35倍以上，需要采用复杂的预处理和反渗或闪蒸等昂贵的处理技术。因此，无论是基建费还是单位成本，海水淡化都高于再生水利用。在国际上，海水淡化的产水成本大多在每吨1.1~2.5美元，与其消费水价相当。中国的海水淡化成本已降至每吨5元左右，如建造大型设施更加可能降至每吨3.7元左右。即便如此，海水淡化的价格也远远高于再生水的利用每吨不足一元的价格。

城市再生水的处理实现技术突破的前景仍然非常广阔，随着工艺的进步、设备和材料的不断革新，再生水供水的安全性和可靠性会不断提高，处理成本也必将日趋降低。

（3）可以取得显著的社会效益。在水资源日益紧缺的今天，将处理后的水回用于绿化、冲洗车辆和冲洗厕所，减少了污染物排放量，从而减轻了对城市周围的水环境的影响，增加了可利用的再生水量，这种改变有利于保护环境，促进水体自净，并且不会对整个区域的水文环境产生不良的影响，其应用前景广阔。污水回用为人们提供了一个非常经济的新水源，减少了社会对新鲜水资源的需求，同时也保持了优质的饮用水源。这种水资源的优化配置无疑是一项利国利民、实现水资源可持续利用的举措。世界各国解决缺水问题时，城市污水被选为可靠且可以重复利用的第二水源。多年以来，城市污水回用一直是国内外研究的重点，成为世界不少国家解决水资源不足的战略性对策。

（二）再生水的使用途径

现代污水处理技术使得再生水的单位水量大、水质稳定、受季节和气候影响小，成为一种十分宝贵的水资源。再生水的使用方式很多，按与用户的关系可以分为直接使用与间接使用，直接使用又可以分为就地使用与集中使用。多数国家的再生水主要用于农田灌溉，以间接使用为主。日本等少数国家的再生水则主要用于城市非饮用水，以就地使用为主。此外，新的趋势是再生水用于城市环境"水景观"的环境用水。

再生水在生产和生活方面的用途相当广泛，根据再生水的用途不同，再生水可以分为用作地下水回灌用水，工业用水，农、林、牧业用水，城市非饮用水，景观环境用水五类。再生水用作地下水回灌用水，有助于地下水源补给、防止海水入侵、防治地面沉降；再生水用作工业用水可以作为冷却用水、洗涤用水和锅炉用水等；再生水用作农、林、牧业用水，可以作为粮食作物、经济作物的灌溉用水、家畜和家禽用水。

（三）我国再生水的利用现状

进入 21 世纪之后，伴随城市迅速扩张以及小城镇建设，水资源日趋紧张，再生水利用开始受到政府的重视。2021 年，我国城市再生水利用量初步统计为 161 亿立方米，比 2020 年提高 18.9%。我国污水再生利用率（污水再生利用量/污水处理率）在 15% 左右，而污水再生利用量占污水排放量的比例仅为 5% 左右。

1. 水资源总量不足且分布不均，需要新的水源补充

中国是一个水资源贫乏的国家，人均水资源是世界平均水平的 1/4。同时，中国地域广大，水资源在时间和空间上分布上很不平衡，南方多、北方少。

2. 城市缺水现象突出，影响生产生活

随着经济的发展和城市化进程的加快，城市缺水问题尤为突出。乡镇建设速度加快也导致村镇用水紧张。当前，相当部分城市水资源短缺，城市供水范围不断扩大，缺水程度日趋严重。

3. 局地水资源浪费严重，污染与浪费问题突出

在水资源短缺的同时，水资源浪费和污染的现象十分严重。面对这种短缺与浪费并存的状况，传统观点认为应该行政性提高水价来限制人们的用水量，但是浪费问题从来不是行政性的价格手段可以解决的。在考虑浪费问题的时候，我们不能忽略限制人们行为本身带来的效用损失。

调查表明，当水费支出占居民家庭收入的 2.0% 时，人们才会考虑节水问题；当水费支出占居民家庭收入的 5% 时，水费支出对人们的生活会产生较大影响；当水费支出占居民家庭收入的 10% 时，人们会考虑水的重复利用。为了缓解水资源的供需矛盾，污水回用在一定使用范围内，为我们提供了一个经济可靠的新水源，并且可以节省优质的饮用水源。近年来，我国深入推进国家节水型城市建设。截至 2021 年年底，全国已建成 130 个国家节水型城市，对全国城市节水工作发挥了示范引领作用。

随着科技创新与产业转型的不断深入，中国已进入新的发展时期。国家虽然大力提倡节约用水，但各地用水量增势强劲，客观上加剧了水资源短缺问题的严重性。水资源短缺对国民经济发展产生的影响，已经引起国家和行业的关注。据预测，21 世纪水资源危机将位居世界各类资源危机之首。因此，研究城市水资源利用及水资源开发问题势在必行，这对城市用水健康循环和保障城市可持续发展具有深远的战略意义。实现污水资源化利用和缓解水资源供需矛盾对促进国民经济可持续发展十分重要。

4. 利用价值不断提升，科研赋能空间较大

虽然我国早在 20 世纪 50 年代就开始采用污水灌溉的方式回用污水，但是真正将污水深度处理后回用于城市生活和工业生产则是近几十年才发展起来的，住房和城乡建设部在"六五"专项科技计划中最先列入了城市污水回用课题，并分别在大连、青岛两地进行试验探索。这两地的研究成果表明，污水可以通过简易深度处理后再次回用，是很有应用前景的二次水源。

从 1986 年开始，城市污水回用相继列入国家"七五""八五""九五"重点科技攻关计划，国家开始加强污水回用技术的探索和示范工程的试验。

"七五"重点科技攻关计划项目"水污染防治及城市污水资源化技术"就污水再生工艺、不同回用对象的回用技术、回用技术的经济政策等进行了系统研究。

"八五"重点科技攻关计划项目"污水净化与资源化技术"，分别以大连、太原、天津、泰安、燕山石化为依托工程，开展工程性试验。通过一系列的生产性和实用性工程研究，该项目提供了城市污水回用于工业工艺、冷却、化工、石化、钢铁工业和市政景观等不同用途的技术规范和相关水质标准。该项目提供的成果较"七五"重点科技攻关计划的相关项目提高到了实用水平，研究内容经过了生产到检验，涵盖了污水回用的大部分领域。

"九五"重点科技攻关计划项目"城市污水处理技术集成化与决策支持系统建设"，具体攻关包括两部分内容：一是污水回用技术集成化研究，二是城市污水地下回灌深度处理技术研究。这些研究完成了大量生产性试验，取得了丰富的数据，许多成果被评为国际先进或国际领先水平。

2021 年，国家发展改革委、住房和城乡建设部联合印发了《"十四五"城镇污水处理及资源化利用发展规划》（发改环资〔2021〕827 号，以下简称《规划》），提出了以提升城镇污水收集处理效能为导向，以污水处理设施补短板强弱项为抓手，统筹谋划、聚焦重点、问题导向、分类施策，加快形成布局合理、系统协调、安全高效、节能低碳的城镇污水收集处理及资源化利用新格局的指导思想，明确了发展目标、重点任务和工作要求，为各地有序开展水环境基础设施建设工作提供了重要依据。

（四）再生水的发展规划与制度建设

污水资源化利用是缓解水资源短缺和水环境污染问题的有效途径，也是实现碳达峰、碳中和的重要举措。"十四五"期间，我国将加快推进污水资源化利用，带动污水处理产业赋能升级，保障城镇用水安全，促进城镇高质量发展、可持续发展。

伴随再生水处理技术的进步和政府投入的增加，近年来我国城镇和农村的污水处理量均呈上升趋势。截至 2022 年年底，全国建成污水处理厂约为 3 800 个，日污水处理力量约为 1.6 亿立方米。

1. 再生水的发展规划

（1）污水处理后回用作工业用水。污水处理厂的二级处理出水，根据用途不同，可以直接或经进一步处理达到更高的水质后应用于工业过程中，其中最具有普遍性和代表性的用途是工业冷却水。我国在污水处理厂二级出水或先进二级处理出水用作工业冷却方面进行了大量实验研究，并有运行成功的实例。北京高碑店污水处理厂的二级处理出水给华能热厂提供冷却水的水源，日供应量为 4 万吨；同时该污水处理厂还为三河热电厂等工业企业供水。

以北京为例，再生水已经成为北京的第二大水源。统计数据显示，2020 年，北京使用再生水 3.6 亿立方米；2021 年北京使用再生水 4.8 亿立方米。再生水已经广泛应用于工业制造、农业灌溉、城市绿化、河湖环境等领域。2021 年使用的 4.8 亿立方米的再生水中，有 6 000 万立方米用于补充城市景观和城市绿化用水。朝阳公园、大观园、陶然亭、万泉河、南护城河以及奥运中心等都实现了再生水浇灌。同时，北京城区还建成 20 个自动中水加水机，每年可提供 2 000 万立方米可再生水用于绿化和市政管理。

（2）污水处理后回用作生活杂用水。污水处理后回用作生活杂用水，北京最具代表性。1984 年，北京进行污水示范工程建设，并于 1987 年出台了《北京市中水设施建设管理实施办法》。该办法规定凡建筑面积在 2 万平方米以上的旅馆、饭店和公寓以及建筑面积在 3 万平方米以上的机关科研单位和新建的生活小区都要建立中水设施。以此为契机，北京的中水设施建设得到了较快的发展。目前，北京已经建成投入使用了 160 多个中水设施，这些设施大多集中在宾馆、饭店和高等院校，它们以洗浴、盥洗等日常杂用水为水源，经过处理达到中水水质标准后，可以回用于冲厕、洗车、绿化等。

（3）污水处理后回用作农业灌溉。在我国北方城市，处理后的城市污水和工业废水已经成为某些郊区农田，包括菜田、稻田和麦田等灌溉用水的主要水源之一，取得了一定的经济效益，并且可以改良土壤结构，增加水分和肥量，使作物增产。但是污水处理后回用作农业灌溉也存在一些缺点，如部分农田由于用有毒有害的工业废水灌溉导致农田恶化和农业减产，地下水、土壤和农产品受污染。

2. 再生水的制度建设

再生水资源利用是一项系统工程，需要政府、企业、科研单位等发力。政策倾斜使再生水资源综合利用的红利巨大。

（1）加强政策法规建设。我国应借鉴国际经验尽快完善相关法规和政策，抓紧研究制定资源再生法及配套办法和标准，明确资源再生全过程的各个环节、涉及的相关方面以及各自应做的工作和应承担的责任与义务，从而将我国再生资源产业发展逐步纳入法治化轨道。我国应加大对再生资源产业的政策支持力度，在相关技术、产业、税收、信贷、外贸政策以及市场准入等方面给予倾斜，如支持一些经营好、符合上市条件的再生资源企业上市，为企业直接融资创造条件；对再生资源回收加工处理中心、再生资源信息网络等方面的示范项目优先安排技改投资并给予财政补贴；对在新产品所用材料中采用再生材料达到一定比例的，给予一定的税收减免；设立再生资源产业研发基金，强化相关技术的研发和推广。

在政策层面，我国应统筹设施建设规划，逐步科学制定水质标准，综合考虑水环境治理需求，统筹规划建设污水管网、污水处理厂、再生水厂和河湖水环境治理设施；根据经济发展水平、水环境容量和敏感性、再生水利用需求等，确定污水处理厂和再生水厂规模、布局，科学制定差异化的水质处理目标，推动水环境治理科学施策，实现"一地一厂""一水一策"，促进城镇污水排放标准、再生水标准和景观水体质量标准协同相容，推动实现水环境和水生态协同治理、水城融合发展。

（2）逐步推进再生水利用管理体系建设，确保再生水安全利用。

①增强安全意识，建立风险防控体系。再生水利用是一个非传统供水工程，其前提是确保再生水利用的生态安全、健康安全和工艺安全，持续提高公众接受程度。再生水利用风险防控应坚持"全程管理、预防为主"的基本原则，全面识别与评价从污水收集和处理、再生水处理和蓄存输配到再生水利用等各个环节可能存在的风险及其来源，制订风险预防方案。我国应逐步建立再生水厂认证、评价制度，增强再生水生产企业的风险防范意识、防范能力和应急管理能力，提高再生水供水的安全性和可靠性。

②完善标准体系，提高风险管理科学水平。与饮用水按统一水质供水不同，再生水利用遵循"以用定质、以质定用、以用定管"的基本原则。我国已经出台再生水不同用途的水质标准，初步解决了"以用定质"问题，但是缺少"以质定用"和"以用定管"标准。再生水利用价格确定和安全监管缺乏依据，难以做到优质优价、按质管控。因此，我国需要加快推进再生水水质分类、利用效益评价、风险管理和服务监管等标准的制定工作，促进再生水安全高效利用和规模化利用。

（3）抓紧培育具有竞争力的企业和企业集团。我国应积极引导再生资源企业打破地区、部门界限，搞跨地区、跨部门的企业兼并重组改造，在扩大企业生产规模的同时，下大力气在资金、技术、管理等方面扶持有实力的再生资源企业，争取在全国范围内形成几家规模较大、技术水平较高、竞争力较强的再生资源企业和企业集团，以提高再生资源企业的产业集中度和市场竞争力。

同时，我国应提升再生水利用水平，促进污水处理厂转型升级。我国资源型缺水和水质型缺水问题并存，迫切需要开拓新的水源。污水再生水水量稳定、水质可控、就近可得，可以成为稳定可靠的第二水源。我国应根据区域经济社会发展需求，促进污水处理厂从"治污单功能"向"治污供水双功能"转变，将污水处理厂升级为再生水厂，进而成为城镇供水生命线的重要组成部分。

另外，企业应稳步拓展再生水用途，提高再生水利用效益。再生水深度处理技术发展迅速，在一些地区已成功应用于锅炉用水、半导体芯片制造业超纯水制备等工业生产，经济效益显著。有条件的地区应积极拓展再生水用途，特别是高价值工业利用途径，提升再生水利用效益，实现高价值、高回报利用。我国应推进区域再生水循环利用、梯级利用，将达到相应水质要求的再生水就近回补自然水体或回灌地下水，补给生态环境。再生水通过自然水体储存、净化后，作为水资源在一定区域内进行调配，可以再次用于生产和生活，提高水资源利用效率。

第二章

再生资源企业的设立

在商品经济范畴内，企业作为组织单元的多种模式之一，是按照一定的社会组织规律，形成有机构成的经济实体。该组织一般以营利为目的，以实现投资人、客户、员工、社会大众的利益最大化为使命，通过提供产品或服务换取收入。企业是社会发展到一定阶段的产物，随着社会分工的发展而成长壮大。企业是市场经济活动的主要参与者。在社会主义市场经济体制下，各种企业并存，共同构成社会主义市场经济的微观基础。目前，企业存在三类基本组织形式：独资企业、合伙企业和公司制企业。其中，公司制企业是现代企业中最主要、最典型的组织形式。

第一节　企业概述

现代经济学理论认为，企业本质上是"一种资源配置的机制"，其能够实现整个社会经济资源的优化配置，降低整个社会的"交易成本"。

一、企业的含义与特征

（一）企业的含义

在我国，企业是指《中华人民共和国企业所得税法》及其实施条例规定的居民企业和非居民企业。居民企业是指依法在中国境内成立，或者依照外国（地区）法律成立但实际管理机构在中国境内的企业。非居民企业是指依照外国（地区）法律成立且实际管理机构不在中国境内，但在中国境内设立机构、场所的，或者在中国境内未设立机构、场所，但有源于中国境内所得的企业。

（二）企业的特征

企业的特征是指企业自产生以来各行各业、各种类型的企业共同的质的规定性。企业的特征就是企业的本质，是企业与非企业的区别所在，也是企业作为特殊的社会经济组织所具有的特殊规定性。

1. 组织性

企业不同于个人、家庭，它是一种有名称、组织机构、规章制度的正式组织，并且它不同于靠血缘、亲缘、地缘或神缘组成的家族宗法组织、同乡组织或宗教组织，而是由企业所有者和员工主要通过契约关系自由地（至少在形式上）组合而成的一种开放的社会组织。

2. 经济性

企业作为一种社会组织，不同于行政、军事、党团组织，教育、科研、文艺、体育、医疗卫生、慈善组织等，它首先是、主要是、本质上是经济组织，即以经济活动为中心，实行全面的经济核算，追求并致力于不断提高经济效益。企业也不同于政府和国际组织对宏观经济活动进行调控监管的机构，它是直接从事经济活动的实体，与消费者同属于微观经济单位。

3. 商品性

企业作为经济组织，不同于自给自足的自然经济组织，而是商品经济组织、商品生产者或经营者、市场主体，其经济活动是面向市场、围绕市场进行的。不仅企业的产出（产品、服务）和投入（资源、要素）是商品，即企业是"以商品生产商品"，而且企业自身（企业的有形资产、无形资产）也是商品，企业产权可以有偿转让，即企业是"生产商品的商品"。

4. 营利性

企业作为商品经济组织，不同于以城乡个体户为典型代表的小商品经济组织，它是发达商品经济，即市场经济的基本单位、"细胞"，是单个职能资本的运作实体，以获取利润为直接、基本目的，利用生产、经营某种商品的手段，通过资本经营，追求资本增值和利润最大化。再生水行业发展关系国计民生，具有一定的福利性和非竞争性，但是企业适当获取利润，也是促进行业可持续发展的重要因素。

5. 独立性

企业是一种在法律和经济上都具有独立性的组织。企业作为一个整体，对外完全独立，依法独立享有民事权利，独立承担民事义务、民事责任。企业与其他自然人、法人在法律地位上完全平等，没有行政级别、行政隶属关系。企业不同于民事法律上不独立的非法人单位，也不同于经济（财产、财务）上不能完全独立的其他社会组织，它拥有独立的、边界清晰的产权，具有完全的经济行为能力和独立的经济利益，实行独立的经济核算，能够自决、自治、自律、自立，实行自我约束、自我激励、自我改造、自我积累、自我发展。

二、再生资源龙头企业

据预测，2021—2026 年，污水处理市场规模逐年递增；到 2026 年，城镇和农村的污水处理规模预计分别达到 1 677 亿元和 524 亿元。伴随再生水市场的发展，介入其中的企业数量将急剧增加，众多企业借助市场环境和政策红利成为行业翘楚。其中，部分污水处理品牌龙头企业介绍如下：

（一）首创股份

北京首创股份有限公司（简称"首创股份"）成立于 1999 年，是一家上市企业。首创股份作为国内第一家投资环保的上市企业，率先实践国内水务环保产业市场化改革，积极推进环保事业发展，致力于成为一家值得信赖的生态环保公益服务企业。首创股份的业务从城市供水、改善人居环境，延伸到水环境综合治理、绿色资源开发和能源管理。经过多年的发展，首创股份在全国布局，向海外扩张，已成为世界知名水务环保运营商。

（二）北控水务

北控水务集团（简称"北控水务"）是中国最大的城市投资建设和运营服务商。作为一家综合性、全产业链、专业化的水务环境服务提供商，北控水务是国内领先的水务环境综合服务商，集投资、设计、建设、运营、技术服务和资本运营于一体，总资产、总收入和水处理规模在行业内居全国前列。

（三）碧水源

碧水源是集膜材料研发、膜设备制造、膜工艺应用于一体的高科技环保企业，现已成为世界上重要的膜设备生产厂商之一。目前，碧水源已在北京怀柔建立膜研发、生产基地，核心技术包括微过滤（MF）、超滤（UF）、超低压选择性纳滤（DF）、反渗透膜（RO）、膜生物反应器（MBR）、双膜新水源工艺（MBR-DF）、智能化一体化污水净化系统（ICWT）等。碧水源年产微滤膜和超滤膜 1000 万平方米，纳滤膜和反渗透膜 600 万平方米，净水设备 100 多万台。碧水源现已经形成完整的业务链，包括市政污水和工业废水处理、自来水处理、海水淡化、民用净水、湿地保护和重建、"海绵城市"建设、河流综合治理、黑臭水体治理、市政景观建设、城市光环境建设、固废危废处理、环境监测、生态农业和循环经济。

（四）博天环境

博天环境集团（简称"博天环境"）成立于 1995 年，是一家致力于工业水系统、城镇和农村水环境治理的综合性水处理公司，提供包括咨询、规划、工程设计、项目投资、建设管理、核心设备、运营服务、资源回收等服务在内的水处理整体解决方案。

（五）重庆水务

重庆水务集团（简称"重庆水务"）成立于 2001 年，于 2010 年在上海证券交易所整体上市，是一家国有控股、产业链完整的水务专业上市公司。截至 2019 年年底，重庆水务注册资本 48 亿元，资产总额 217.13 亿元，所有者权益 151.47 亿元，资产负债率 30.13%。重庆水务致力于城市供水和污水处理的投资、建设、运营管理，以促进社会经济和环境资源的可持续发展。目前，重庆水务拥有 27 家全资、控股子公司，6 家合资企业和联营公司，业务范围延伸到环境综合管理、基础设施咨询与建设、环境科技服务等领域。

（六）桑德集团

桑德集团（前身为北京市桑德环境技术开发有限公司）在环保领域拥有一个集投资、研发、咨询、设计、建设、运营于一体的完整产业链，是将产、学、研结合，实现科技成果产业化的重要平台，也是国内率先将"建设—经营—转让"（build-operate-transfer，BOT）方式引入市政污水处理领域，并挺进国际市场的企业。多年来，桑德集团承接国内外超过 1 800 项环保工程，为中国环保事业的发展做出了贡献。

（七）国祯环保

安徽国祯环保节能科技有限公司（简称"国祯环保"）成立于 1997 年，于 2014 年在深圳证券交易所挂牌上市，主要提供环保领域的项目投资、技术研发、设计制造、设备制造和集成、项目运营等服务。国祯环保重点布局水环境综合治理、市政污水处理、村镇水环境治理、工业水系统综合服务。

（八）兴蓉环境

成都兴蓉环境股份有限公司（简称"兴蓉环境"）是一家大型水务环保综合服务企业，主要从事自来水生产和供应、污水处理、中水利用、污泥处置、垃圾渗滤液处理以及垃圾焚烧发电等业务，集投资、研发、设计、建设、运营于一体，具有完整的产业链。兴蓉环境以民生为本，坚持可持续发展理念，致力于为客户提供先进的水务运营管理、环保运营管理、垃圾处理、资源回收利用等综合解决方案。

（九）中环水务

2003 年 11 月，中国节能环保集团有限公司与上海工业控股有限公司共同出资成立中环保水务投资有限公司（简称"中环水务"）。中环水务现有全资、控股子公司 31 家，参股子公司 1 家，资产规模近 140 亿元。中环水务公司是一家从事水务行业系统服务的公司，即工程解决方案、设备制造一体化、运营管理服务和技术服务的供应商，立足于环保、水务等领域进行项目投资、工程建设、设备制造、运营服务、技术开发与咨询。

第二节　再生资源企业入市

我国自然资源总量丰富、种类齐全。实施资源再回收是生态文明建设的重要内容之一，是实现绿色低碳及可持续发展的重要途径之一。我国人口密度大，人均资源拥有量较少，因此发展再生资源产业是可持续发展的必然道路。

一、再生资源企业入市的政策

再生资源利用基于可持续发展理念。这一理念的核心是既满足当代人的需求，又不致损害后代人满足其需求能力的发展。我们在注意经济增长的速度和数量时，也要注意追求经济增长的质量。可持续发展的主要标志是资源能够永续利用，保持良好的生态环境。

（一）再生水利用的相关政策

2020 年以来，多地出台了再生水相关政策，对再生水利用率、再生水用途以及收费政策提出相关要求。《"十三五"生态环境保护规划》要求，到 2020 年，实现缺水城市再生水利用率达到 20% 以上，京津冀区域达到 30% 以上。2022 年，生态环境部等四部门联合印发的《区域再生水循环利用试点实施方案》要求，以京津冀地区、黄河流域等缺水地区为重点，选择再生水需求量大、再生水利用具备一定基础且工作积极性高的地级及以上城市开展试点。到 2025 年，在区域再生水循环利用的建设、运营、管理等方面形成一批效果好、能持续、可复制，具备全国推广价值的优秀案例。生态环境部联合国家发改委、住房和城乡建设部、水利部印发了《关于公布 2022 年区域再生水循环利用试点城市名单的通知》，明确了首批纳入区域再生水循环利用试点范围的 19 个城市。这项试点工作对提高缺水地区再生水利用能力、缓解水资源供需矛盾、引领我国各地挖掘污水资源化利用潜力具有重要意义。

(二) 污水处理衍生品——污泥利用的相关政策

1. 处理总量规模提高

污泥是污水处理后的衍生产品。近年来，随着我国污水处理能力的快速提高，污泥量也同步大幅增加。截至 2021 年 6 月底，全国设市城市累计建成污水处理厂 6 000 多座，污水处理能力达 2.31 亿立方米/日，年产生含水量 80% 的污泥 6 000 多万吨（不含工业污泥 4 000 多万吨）。到 2025 年，年产生含水量 80% 的污泥达到 1.6 亿吨（包括生活污泥和工业污泥）。与之对应的是，污泥处理市场将保持 10% 以上的复合增长，到 2025 年，达到 500 多亿元的规模。

调查结果显示，污水处理厂产生的污泥有 70% 没有得到妥善处理，污泥随意堆放及其造成的污染与再污染问题已经凸显出来，并且引起了社会的关注。社会的关注促使国家对污泥的处理处置高度重视，国家的重视促使污泥处理处置市场步入快速发展阶段。

2. 技术管控口径收紧

住房和城乡建设部明确要求，各地要按照"绿色、环保、循环、低碳"的污泥处置技术路线，督促落实城市人民政府规划建设的主体责任，合理选择工艺，加快设施建设。各级排水主管部门要依法加强监督检查，督促污泥处理处置单位严格按照《城镇排水与污水处理条例》要求，对污泥去向、用途、用量等进行跟踪、记录和报告；对非法污泥堆放点要一律予以取缔，不满足防护要求的污泥临时堆放点要限期完成达标改造；对违反相关法律法规转移、倾倒、处置污泥的，要严格依法处罚。国家要打通污泥无害化产物的出路，以资源化带动产业化，吸引社会资本，设立实体企业参与污泥处理处置设施建设和运营。这对我国污泥处理处置技术的发展具有重要指导意义。

3. 多方培育再生资源市场

随着再生资源市场的逐步放开，我国已形成了从产生源经固定收购点、流动收购点、拾荒者、资源加工企业等层层筛选、分类，最终到达利用企业的完整流程。

二、我国再生水行业市场容量

伴随我国污水排放量的持续增长，污水处理厂数量增加，污水处理量也在持续攀升，激发了投资者进入市场的热情。2015—2020 年我国污水年处理量如图 2-1 所示。

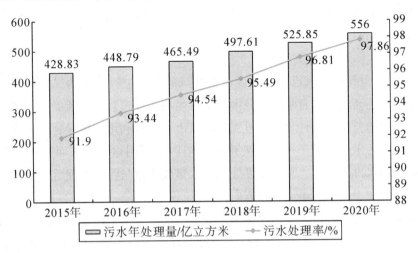

图 2-1　2015—2020 年我国污水年处理量

（一）固定资产投资额

从固定资产投资额来看，2011—2017 年，我国城市污水处理及其再生利用固定资产投资额维持在 300 亿～500 亿元范围内，县城投资额在 100 亿～140 亿元。2018 年，我国污水处理及再生利用投资额大幅增长。截至 2021 年年底，我国城市污水处理及再生利用投资额为 893.8 亿元，县城污水处理及再生利用投资额为 325.9 亿元。

（二）污水处理能力

就我国城市污水处理厂现状而言，整体上数量及处理能力快速增长。据统计，截至 2021 年年底，我国城市污水处理厂数量增加至 2 827 座，污水处理能力达到 20 767 万立方米/日。

（三）再生水需求量

随着经济的发展和社会的进步，各行各业对水资源的需求不断增加。国家高度重视节水工作，积极寻求多种途径缓解水资源紧缺矛盾，再生水也因此成为国家关注的重点。据统计，截至 2021 年年底，我国再生水利用量达到 176.13 亿立方米，同比增长 20.64%。

（四）再生水市场区域分布

从我国各省（自治区、直辖市）再生水利用量排名来看，位居第一的是广东省，2021 年再生水利用量为 37.56 亿立方米；位居第二的是山东省，2021 年再生水利用量为 20.7 亿立方米；位居第三的是江苏省，2021 年再生水利用量为 14.95 亿立方米。

（五）饮用水质标准

饮用水标准选择不同的水质参数，这些参数包括味道、颜色、气味以及水体中含氯水平。这些参数是根据饮用水检查机构列出的饮用水标准选择的。饮用水的颜色可以通过浊度水平来推断。从水的颜色、味道和气味可以推断水中污染物的含量，包括悬浮固体等。此外，饮用水中被认为对人体健康和其他生物无害的氯含量为 0.2~1 毫克/升。

（六）再生水利用发展趋势分析

我国在 20 世纪中期就已经开始以污水灌溉的方式进行污水的二次利用。在污水深度处理技术逐渐成熟的背景下，我国污水再生利用规模总量不断提升。住房和城乡建设部在早期的科技发展计划中，重点支持城市污水再利用领域课题开展技术探索分析，研究发现污水经过简单的深度处理可以拓展其利用途径，从而产生了深远的影响。为推广污水再生利用，污水深度处理技术集成优化与污水处理后回灌利用技术已成为污水再生利用领域的重点研究方向。

在低碳型社会发展背景下，我国逐步推进污水资源化工程落地，同时不断加强与国外领先技术团队间的技术合作与推广。为了有效缓解水资源短缺和水环境污染问题，现阶段我国污水处理与再生利用工作已经有新的发展路径。污水处理厂二级处理出水可以直接利用，或者经深度处理后达到更高水质标准，继而应用于工业生产领域，其中最具有代表性和普及性的就是工业冷却水。

城市环境保护不能仅靠个体的力量，更需要城市全体居民共同协作。国家应通过有效的制度落实和制度保障，以个人为单位，全面增强公众环保意识，逐步实现环境保护工作的有效落实。政府有关单位应当积极开展线上线下相结合的城市环境保护宣传工作，通过社区宣传、外部推广、网络宣传等多种措施和手段，促使公众形成环保意识，让环境保护工作深入人心，让城市居民明确环境保护和水资源保护的重要性。

三、再生资源公司设立

自 2020 年以来，我国已有多地出台再生水相关政策，对再生水利用率、再生水用途及收费政策提出相关要求。《"十三五"生态环境保护规划》要求，到 2020 年，缺水城市再生水利用率达到 20% 以上，京津冀区域达到 30% 以上。这就为再生资源公司设立提供了市场基础。

（一）公司设立

1. 公司设立的相关规定

根据《中华人民共和国公司法》（以下简称《公司法》）第四章第一节的相关规定，公司设立是指公司设立人依照法定的条件和程序，为组建公司并取得法人资格而必须采取和完成的法律行为。

公司设立不同于公司设立登记，后者仅是公司设立行为的最后阶段。公司设立也不同于公司成立，后者不是一种法律行为，而是设立人取得公司法人资格的一种事实状态或设立人设立公司行为的法律后果。因此，公司设立的实质是一种法律行为，属于法律行为中的多方法律行为，但一人有限责任公司和国有独资公司的设立行为属于单方法律行为。

2. 公司设立的方式

公司设立的方式主要有两种，即发起设立和募集设立。

发起设立又称同时设立、单纯设立等，是指公司的全部股份或首期发行的股份由发起人自行认购而设立公司的方式。有限责任公司只能采取发起设立的方式，由全体股东出资设立。股份有限公司也可以采用发起设立的方式。《公司法》第七十七条规定，股份有限公司的设立，可以采取发起设立或募集设立的方式。发起设立在程序上较为简便。

募集设立又称渐次设立或复杂设立，是指发起人只认购公司股份或首期发行股份的一部分，其余部分对外募集而设立公司的方式。《公司法》第七十七条规定："募集设立，是指由发起人认购公司应发行股份的一部分，其余股份向社会公开募集或者向特定对象募集而设立公司。"因此，募集设立既可以是通过向社会公开发行股票的方式设立，也可以是不发行股票而只向特定对象募集而设立。这种方式只是股份有限公司设立的方式。

由于募集设立的股份有限公司资本规模较大，涉及众多投资者的利益，因此各国公司法均对其设立程序严格限制。例如，为防止发起人完全凭借他人资本设立公司，损害一般投资者的利益，各国大都规定了发起人认购的股份在公司股本总数中应占的比例。中国的规定比例是35%。

3. 公司设立登记

公司设立登记是指公司设立人按法定程序向公司登记机关申请，经公司登记机关审核并记录在案，以供公众查阅的行为。设置公司设立登记制度，旨在巩固公司信誉并保障社会交易的安全。在中国，公司进行设立登记，应向各级工商行政管理机关提出申请，并应遵守《中华人民共和国公司登记管理条例》（以下简称《公司登记管理条例》）的有关规定。

4. 公司名称预先核准

根据《公司登记管理条例》第十七条的规定，设立公司应当申请名称预先核准。法律、行政法规或者国务院决定规定设立公司必须报经批准，或者公司经营范围中属于法律、行政法规或者国务院决定规定在登记前须经批准的项目的，应当在报送批准前办理公司名称预先核准，并以公司登记机关核准的公司名称报送批准。

根据《公司登记管理条例》第十八条的规定，设立有限责任公司，应当由全体股东指定的代表或者共同委托的代理人向公司登记机关申请名称预先核准；设立股份有限公司，应当由全体发起人指定的代表或者共同委托的代理人向公司登记机关申请名称预先核准。申请名称预先核准，应当提交下列文件：第一，有限责任公司的全体股东或者股份有限公司的全体发起人签署的公司名称预先核准申请书；第二，全体股东或者发起人指定代表或者共同委托代理人的证明；第三，国家市场监督管理部门规定要求提交的其他文件。

根据《公司登记管理条例》第十九条的规定，预先核准的公司名称保留期为6个月。预先核准的公司名称在保留期内不得用于从事经营活动，不得转让。

5. 公司设立登记程序

公司设立人首先应当向其所在地工商行政管理机关提出申请。设立有限责任公司，应由全体股东指定的代表或共同委托的代理人作为申请人；设立国有独资公司，应由国家授权投资机构或国家授权的部门作为申请人；设立股份有限公司，应由董事会作为申请人。

申请设立有限责任公司应向公司登记机关提交下列文件：

（1）公司法定代表人签署的设立登记申请书。

（2）全体股东指定代表或者共同委托代理人的证明。

（3）公司章程。

（4）股东的主体资格证明或者自然人身份证明。

（5）载明公司董事、监事、经理的姓名、住所的文件以及有关委派、选举或者聘用的证明。

（6）公司法定代表人任职文件和身份证明。

（7）企业名称预先核准通知书。

（8）公司住所证明。

（9）国家市场监督管理部门规定要求提交的其他文件。

申请设立股份有限公司，应当向公司登记机关提交下列文件：

（1）公司法定代表人签署的设立登记申请书。

（2）董事会指定代表或者共同委托代理人的证明。

（3）公司章程。

（4）发起人的主体资格证明或者自然人身份证明。

（5）载明公司董事、监事、经理姓名、住所的文件以及有关委派、选举或者聘用的证明。

（6）国家市场监督管理部门规定要求提交的其他文件。其中，以募集方式设立股份有限公司的，还应当提交创立大会的会议记录以及依法设立的验资机构出具的验资证明；以募集方式设立股份有限公司公开发行股票的，还应当提交国务院证券监督管理机构的核准文件。法律、行政法规或者国务院决定规定设立股份有限公司必须报经批准的，还应当提交有关批准文件。

公司申请登记的经营范围中属于法律、行政法规或者国务院决定规定在登记前须经批准的项目的，应当在申请登记前报经国家有关部门批准，并向公司登记机关提交有关批准文件。

（二）再生资源公司设立的政策要求

《再生资源回收管理办法》第七条规定："从事再生资源回收经营活动，应当在取得营业执照 30 日内，按属地管理原则，向登记注册地工商行政部门的同级商务主管部门或者其授权机构备案。"

2018 年，为贯彻落实《国务院办公厅关于加快推进"多证合一"改革的指导意见》（国办发〔2017〕41 号）的要求，推进全国"多证合一"改革，原国家工商行政管理总局等 13 个部门联合印发《关于推进全国统一'多证合一'改革的意见》（工商企注字〔2018〕31 号，以下简称《意见》）。《意见》明确规定，将商务主管部门负责的再生资源回收经营者备案纳入"多证合一"改革范围。据此，2019 年 11 月，《再生资源回收管理办法》进行了修订。

根据《意见》的要求，新成立的再生资源回收企业，在市场监管部门进行企业注册登记时，由市场监管部门将企业再生资源回收备案信息通过省级共享平台（信用信息共享平台、政务信息平台、国家企业信用信息公示系统等）或省级部门间数据接口推送至商务部统一业务平台再生资源企业备案模块公示 30 天，公示期满后即自动完成再生资源回收经营者备案。

污水处理是当今环境污染治理的重中之重，标准化管理也是提高污水企业的运行效率和管理水平的重要途径。污水处理企业的设立也与其他类型企业的设立有所不同。

阅读材料

鹤壁市淇滨污水处理有限责任公司

1. 公司概况

鹤壁市淇滨污水处理有限责任公司（以下简称"公司"）成立于 2003 年，位于鹤壁东区科创新城，共有职工 120 余名，下设企管办、安全办、财务科以及 3 个污水处理厂（淇滨污水处理厂、钜桥南污水处理厂、金山污水处理厂）、鹤壁市淇滨污水处理有限责任公司泰山路分公司。污水处理总规模达 10 万立方米/日，基本实现新城区建成区全覆盖，满足城市污水处理需求。出水水质执行国家一级 A 标准，处理后的中水一部分用于鹤淇电厂和静脉产业园生活垃圾焚烧发电生产，一部分用于披烟园中水公园景观用水，一部分用于下游刘洼河生态补水，一部分用于厂区内部生产、绿化、道路冲洒以及景观用水，为改善鹤壁市水生态环境、实现循环经济发展做出了积极贡献。

2. 经营理念

公司把安全生产稳定运行工作放在首要位置，成立公司安全生产领导小组，领导小组下设安全生产办公室。各分厂负责人为分厂安全生产第一责任人，主抓和负责各分厂日常的安全生产管理工作与安全措施的落实。

公司以实现安全生产稳定运行为目标，积极弘扬公司安全文化、普及全员安全生产法律法规知识、牢固树立安全生产意识；制定和落实公司各级人员的安全生产责任制、建立健全公司安全生产管理制度及各岗位安全生产操作规程；全面建设和推动公司的安全生产标准化工作，为公司安全生产稳定运行提供有力保障。

3. 人才保证与理念创新

公司贯彻高质量发展规划，努力打造学习型企业，加强广大干部职工思想、业务学习培训，提升业务知识水平和专业素养，打造高素质、创新型、专业型人才队伍，营造浓厚的学习氛围，大力营造自主创新的优良环境，提升企业对人才的吸引力、凝聚力，充分调动广大干部职工自主创新的积极性，为公司高质量发展提供强有力的人才保证和智力支持。

4. 未来展望

公司为了保证所在城市及周边污水处理质量，全面推动环保工作有序开展，同时积极参与地方社会发展，将污水资源化利用作为环境综合治理的一项重点工作进行落实。

（1）公司结合城市发展现状，制订具有针对性的污水处理综合整治实施方案，通过有效的制度规范，将污水处理工作作为服务城市发展的一项重点工作。

（2）公司组织了一支拥有专业知识背景的人才队伍，提高执行污水处理相关制度的能力，加大技术引进与研发的力度。

第三章

低碳行动与污水处理行业

随着世界工业经济的迅猛发展、人口的剧增、人类欲望的上升和生产生活方式的无节制，世界气候面临越来越严重的问题，二氧化碳排放量越来越大，地球臭氧层正遭受前所未有的危机，全球灾难性气候变化屡屡出现，已经严重危害到人类的生存环境和健康安全。减少二氧化碳排放的生活便是低碳生活。低碳又与水资源再利用关系紧密，同是自然循环系统中的组成部分，二者相互影响、相互赋能。

第一节　低碳经济与低碳行动

自工业革命以来，由于人类活动，特别是开采、燃烧煤炭等化石能源，大气中的二氧化碳含量急剧增加，导致以气候变暖为主要特征的全球气候变化。大气中的水蒸气、臭氧、二氧化碳等气体可以透过太阳短波辐射，使地球表面升温，同时阻挡地球表面向宇宙空间发射长波辐射，从而使大气增温。由于二氧化碳等气体的这一作用与"温室"的作用类似，因此被称为温室气体。

一、低碳经济

除二氧化碳外，其他温室气体还包括甲烷、氧化亚氮、氢氟碳化物、全氟碳化物、六氟化硫等。二氧化碳全球排放量大、增温效应高、生命周期长，是对气候变化影响最大的温室气体。

低碳旨在倡导一种以低能耗、低污染、低排放为基础的经济模式，减少有害气体排放。

低碳经济是低碳行动的实现载体和主要方式。"低碳经济"最早见诸政府文件是在 2003 年的英国能源白皮书——《我们能源的未来：创建低碳经济》。作为第一次工业革命的先驱和资源并不丰富的岛国，英国充分意识到了能源安全和气候变化的威胁。

低碳经济是以低能耗、低污染、低排放为基础的经济模式，是人类社会继农业文明、工业文明之后的又一次重大进步。低碳经济的理想形态是充分发展阳光经济、风能经济、氢能经济、核能经济、生物质能经济。低碳经济的实质是提高能源利用效率和改善清洁能源结构、追求绿色生产总值，核心是能源技术创新、制度创新和人类生存发展观念的根本性转变。

低碳经济的发展模式，为节能减排、发展循环经济、构建和谐社会提供了操作性路径，是建设节约型社会的综合创新与实践，符合党的二十大报告提出的"坚持可持续发展"的思路，是实现中国经济可持续发展的必由之路，是不可逆转的时代潮流，是一场涉及生产方式、生活方式和价值观念的全球性革命。

低碳经济是指在可持续发展理念指导下，通过技术创新、制度创新、产业转型、新能源开发等手段，尽可能地减少煤炭、石油等高碳能源消耗，减少温室气体排放，达到经济社会发展与生态环境保护双赢的一种经济发展形态。发展低碳经济，一方面是积极承担环境保护责任，完成国家节能降耗指标的要求；另一方面是调整经济结构，提高能源利用效率，发展新兴工业，建设生态文明。从我国的能源结构来看，低碳意味节能，低碳经济就是以低能耗、低污染为基础的经济。低碳经济几乎涵盖了所有产业领域。

二、国际低碳策略

从世界范围看，预计到 2030 年太阳能发电仅达到世界电力供应的 10%，而全球已探明的石油、天然气和煤炭储量将分别在今后 40 年、60 年和 100 年左右耗尽。因此，在"碳素燃料文明时代"向"太阳能文明时代"（风能、生物质能都是太阳能的转换形态）过渡的未来几十年里，低碳经济、低碳生活的重要内涵之一就是节约化石能源的消耗，普及与利用新能源。

（一）国际低碳协议

面对全球气候变化，世界各国急需协同制定降低或控制二氧化碳排放的全球化措施。1997 年的 12 月，《联合国气候变化框架公约》第三次缔约方大会在日本京都召开。149 个国家和地区的代表通过了旨在限制发达国家温室气体排放量以抑制全球变暖的《京都议定书》。《京都议定书》规定，到 2010 年，所有发达国家二氧化碳等 6 种温室气体的排放量要比 1990 年减少 5.2%。2005 年 2 月 16 日，《京都议定书》正式生效。这是人类历史上首次以法规的形式限制温室气体排放。2001 年，美国总统布什宣布美国退出《京都议定书》，理由是《京都议定书》给美国经济发展带来过重负担。

2007 年 3 月，欧盟各成员国领导人一致同意，单方面承诺到 2020 年将欧盟温室气体排放量在 1990 年的基础上至少减少 20%。2007 年 12 月 15 日，联合国气候变化大会产生了"巴厘岛路线图"，"巴厘岛路线图"为应对气候变化谈判的关键议题确立了明确议程。2012 年之后，如何进一步降低温室气体的排放，即所谓"后京都"问题是在肯尼亚内罗毕举行的《京都议定书》第二次缔约方会议上的主要议题。

为了促进各国（地区）完成温室气体减排目标，《京都议定书》允许采取以下四种减排方式：

1. 排放权交易

两个发达国家之间可以进行排放额度买卖的排放权交易，即难以完成削减任务的国家，可以投资从超额完成任务的国家买进超出的额度。

2. 低碳扣除机制

以"净排放量"计算温室气体排放量，即从本国实际排放量中扣除森林所吸收的二氧化碳的数量。

3. 绿色开发机制

绿色开发机制促使发达国家和发展中国家共同减排温室气体。

4. 集团减排模式

集团减排模式，即欧盟内部的许多国家可以视为一个整体，采取有的国家削减、有的国家增加的方法，在总体上完成减排任务。

（二）海外低碳策略

前世界银行首席经济学家尼古拉斯·斯特恩研究形成的《斯特恩报告》指出，全球以每年1%的生产总值的投入，可以避免将来每年5%～20%的生产总值的损失，呼吁全球向低碳经济转型。

1. 英国

英国作为工业革命的发源地和现有的高碳经济模式的开创者，率先在世界上高举发展低碳经济的旗帜，成为发展低碳经济最为积极的倡导者和实践者。

2003年，英国首相布莱尔发表了题为《我们未来的能源——创建低碳经济》的计划书，宣布到2050年英国能源发展的总体目标是从根本上把英国变成一个低碳国家。按照《京都议定书》的承诺，2012年欧盟温室气体排放要在1990年的基础上减排8%，英国表示愿意为欧盟成员国在温室气体减排方面承担更多的责任。在欧盟内部的减排量分担协议中，英国承诺减排12.5%，比平均减排8%的目标高出4.5个百分点。英国政府提出，到2050年，减排主要温室气体60%。

2. 意大利

意大利政府通过节能减排的政策和措施以及技术开发来影响国家的经济政策和经济发展。

意大利80%以上的能源都依靠进口，因此意大利更加注重可再生能源和新能源的开发与利用，伴随着《京都议定书》的实施、欧洲总体能源政策的推进以及世界能源市场的变化，意大利积极鼓励低碳技术的开发。

3. 德国

德国作为发达工业化国家之一，在能源开发和环境保护技术上处于世界领先水平。德国政府实施了气候保护高技术战略，将气候保护、减少温室气体排放等列入其可持续发展战略中，并通过立法和约束性较强的执行机制制定气候保护与节能减排的具体目标和时间表。

为实现气候保护的目标，德国政府先后出台了多期能源研究计划，以提升能源效率和研发可再生能源为重点。

4. 法国

法国重视并致力于减少二氧化碳等温室气体的排放，大力发展以核能为主体的再生能源和清洁能源，在工业、建筑、交通等领域节约能源，减少碳排放，取得了较为显著的成效。

法国的核电工业起步于一些国家对核电工业产生动摇的 20 世纪 70 年代，多年来，法国核电工业发展十分迅速，与美国、日本构成了"世界核电工业三强"。

出于长远考虑，法国政府近年来一直通过出台投资贷款、减免税收、保证销路、政府定价等各种政策措施，鼓励发展各种绿色能源。

5. 丹麦

丹麦在风力发电、秸秆发电等可再生能源和清洁高效能源技术方面创造了独特的模式，丹麦成为举世公认的减少二氧化碳排放并将能源问题解决得较好的国家之一，走上了一条能源可持续发展之路。

（1）领先世界的风力发电。丹麦是拥有 400 多个岛屿的国家，风力资源非常丰富，在利用风能方面处于世界领先水平。丹麦是世界上较早使用风能的国家。根据丹麦能源署的统计，2007 年，在丹麦电网中，风电所占比重已经达到 21.22%。欧盟确立的 2020 年实现 20% 可再生能源发电的目标，丹麦已提前十余年实现。

（2）太阳能技术的研发应用。多年来，丹麦致力于研发提高太阳能效率的相关技术。丹麦已有 3 万多个太阳能加热站，主要用于居民家用热水和空间加热。

（3）秸秆燃烧发电。丹麦是较早利用秸秆发电的国家。为建立清洁发展机制，减少温室气体排放，丹麦很早就加大了生物能和其他可再生能源的研发与利用力度。

6. 美国

2007 年 7 月，美国参议院提出了《低碳经济法案》，表明低碳经济的发展道路有望成为美国未来的重要战略选择。美国虽然退出了《京都协定书》，但仍重视节能减碳。美国于 1990 年实施了《清洁空气法》，于 2005 年实施了《能源政策法》。

7. 巴西

巴西是世界上排放二氧化碳较多的国家之一。面对电力短缺的严峻形势和执行《京都议定书》规定的温室气体减排任务，巴西近年来加快发展清洁能源，节能减排，推进低碳经济的发展，并取得了明显成效。

三、我国的低碳政策

自 2003 年以来，国务院先后发布了《节能中长期专项规划》《国务院关于做好建设节约型社会近期重点工作的通知》《国务院关于加快发展循环经济的若干意见》《国务院关于加强节能工作的决定》等政策性文件。

2006 年年底，科技部、中国气象局、国家发改委、国家环保总局等六部门联合发布了第一次《气候变化国家评估报告》。

2007 年 8 月，国家发改委发布《可再生能源中长期发展规划》，要求可再生能源占能源消费总量的比例从 7% 大幅增加到 2010 年的 10% 和 2020 年的 15%；优先开发水力和风力作为可再生能源；国家出台各种税收和财政激励措施，包括补贴和税收减免；国家出台市场导向的优惠政策，包括设定可再生能源发电的较高售价。

2007 年 9 月 8 日，亚太经合组织第十五次领导人非正式会议在澳大利亚悉尼召开，中华人民共和国国家主席胡锦涛出席当天举行的第一阶段会议并发表重要讲话，提出四项建议应对全球气候变化，其中提出应该加强研发和推广节能技术、环保技术、低碳能源技术，并建议建立"亚太森林恢复与可持续管理网络"，共同促进亚太地区森林恢复和增长，增加碳汇，减缓气候变化。胡锦涛指出，中国坚持科学发展观，贯彻节约资源和保护环境的基本国策，把人与自然和谐发展作为重要理念，促进经济发展与人口资源环境相协调，走生产发展、生活富裕、生态良好的文明发展道路。中国把可持续发展作为经济社会发展的重要目标，充分发挥科技创新在减缓和适应气候变化中的先导性、基础性作用，开展全民气候变化宣传教育，继续推动并参与国际合作。

2008 年 1 月，国家发改委和世界自然基金会（WWF）共同选定了上海和保定作为低碳城市发展项目试点，由国家发改委、建设部、科技部、环保总局、商务部等专家组成的项目技术顾问组也正式亮相。国家发改委表示，低碳发展是中国在城市化和工业化进程中控制温室气体排放的必然选择，也会是全球应对气候变化的重要行动之一。

2008 年 10 月 29 日，国务院新闻办公室发表了《中国应对气候变化政策与行动白皮书》。

2009 年 4 月，国家发改委宣布，国家已着手制定推进低碳经济发展的指导意见。

2020 年 9 月 22 日，中华人民共和国国家主席习近平在第七十五届联合国大会上宣布，中国力争 2030 年前二氧化碳排放达到峰值，努力争取 2060 年前实现碳中和目标。

2021 年 5 月 26 日，碳达峰碳中和工作领导小组第一次全体会议在北京召开。2021 年 10 月，中共中央 国务院印发的《关于完整准确全面贯彻新发展理念做好碳达峰碳中和工作的意见》发布，为碳达峰碳中和这项重大工作进行系统谋划、总体部署。

2022 年 2 月，国家发改委、国家能源局发布《关于完善能源绿色低碳转型体制机制和政策措施的意见》，确立了"十四五"时期基本建立推进能源绿色低碳发展的制度框架，形成比较完善的政策、标准、市场和监管体系，构建以能耗"双控"和非化石能源目标制度为引领的能源绿色低碳转型推进机制。到 2030 年，我国将基本建立完整的能源绿色低碳发展基本制度和政策体系，形成非化石能源既基本满足能源需求增量又规模化替代化石能源存量、能源安全保障能力得到全面增强的能源生产消费格局。

四、我国的低碳行动

中国低碳行动联盟是由国家有关部门支持、近 200 名企业家共同倡导成立的国内最大的非官方、开放型、公益性低碳组织。该联盟的宗旨是倡导低碳理念，促进低碳转型，创新低碳生活，创造低碳文明。该联盟的职能是推动政府，建立低碳城市；帮助企业，发展低碳经济；引领社会，实现低碳生活。该联盟倡导珍惜资源、珍爱环境、绿色发展的大爱理念，用低碳文明呼唤中华民族传统文明的复苏，用低碳经济实现中国经济可持续发展的目标，用低碳生活引领中国人民过上真正幸福、健康、高品质的新生活，打造中国在世界经济和文明的双重高度。该联盟的目标是着力打造"信息互通，资源共享，优势互补，合作共赢"的平台，让会员企业感受低碳大爱，提升思想境界，彰显社会责任，实现合作共赢。

该联盟先后成功举办了"低碳经济上海行动峰会""民营经济低碳转型高峰论坛""低碳婚礼走进低碳世博"等一系列具有全国影响力的低碳活动。该联盟低碳专家先后在全国十几个省、自治区、直辖市进行了低碳考察、规划，为传播低碳理念、弘扬低碳大爱、宣传低碳知识、服务低碳转型，做了大量的富有创造性、具有前瞻性的工作，为国家低碳事业的发展、为企业低碳之路的探索做了大量积极有效的工作，起到了颇有成效的推动作用。

进入 2021 年以来，中国低碳行动联盟继续贯彻为会员服务的宗旨，陆续在北京举办了"民营经济低碳研讨会暨中国低碳行动联盟会员大会"，在武汉举办了"中部低碳崛起论坛之中部企业家低碳行动峰会"等具有地区影响力的主题活动，同时不断深化活动内涵，丰富活动内容，全力打造"信息互通，资源共享，优势互补，合作共赢"的企业家平台。在科技部的大力支持下，该联盟主办了《低碳时代》杂志，在拓展联盟宣传平台的同时，以各种形式切实为会员企业服务。

（一）2035 年远景目标

展望 2035 年，我国将基本实现社会主义现代化，碳排放达峰后稳中有降。可再生能源加速替代化石能源，新型电力系统取得实质性成效，可再生能源产业竞争力进一步巩固提升，我国将基本建成清洁低碳、安全高效的能源体系。

（二）"十四五"时期我国可再生能源发展主要目标

1. 可再生能源总量目标

2025 年，我国可再生能源消费总量达到 10 亿吨标准煤左右。"十四五"期间，我国可再生能源在一次能源消费增量中占比超过 50%。

2. 可再生能源发电目标

2025 年，我国可再生能源年发电量达到 3.3 万亿千瓦时左右。"十四五"期间，我国可再生能源发电量增量在全社会用电量增量中的占比超过 50%，风电和太阳能发电量实现翻倍。

3. 可再生能源电力消纳目标

2025 年，我国可再生能源电力总量消纳责任权重达到 33% 左右，可再生能源电力非水电消纳责任权重达到 18% 左右，可再生能源利用率保持在合理水平。

4. 可再生能源非电利用目标

2025 年，我国地热能供暖、生物质供热、生物质燃料、太阳能热利用等非电利用规模达到 6 000 万吨标准煤以上。

"十四五"时期，我国生态文明建设坚持以降碳为重点战略方向，促进经济社会发展全面绿色转型，实现生态环境改善由量变到质变。

第二节　低碳与水资源保护

水是生命的源泉，水滋润了万物，哺育了生命。我们赖以生存的地球有约70%的面积被水覆盖着，其中约97%为海水，与我们生活关系最为密切的淡水仅有约3%。淡水中又有约78%为冰川淡水，很难利用。综上所述，水资源保护十分重要。

一、水资源保护的原理

我们所能利用的淡水资源是十分有限的，并且容易受到污染的威胁。农业、工业和城市供水需求量不断提高导致了有限的淡水资源更为紧张。为了避免水危机，我们必须保护水资源。

（一）水资源保护的核心

水资源保护是根据水资源时空分布、演化规律（见图3-1），调整和控制人类的各种取用水行为，使水资源系统维持一种良性循环的状态，以实现水资源的永续利用。水资源保护不是以恢复或保持地表水、地下水天然状态为目的的活动，而是一种积极的、促进水资源开发利用更合理、更科学的活动。水资源保护与水资源开发利用是对立统一的，两者既相互制约又相互促进。保护工作做得好，水资源才能永续开发利用；开发利用科学合理了，也就达到了水资源保护的目的。

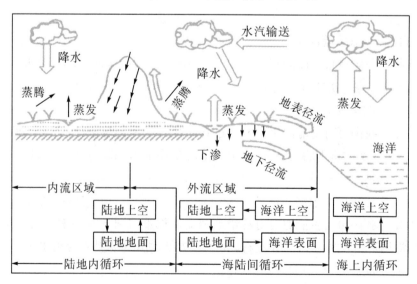

图 3-1　水循环示意图

（二）水资源保护的工作流程

水资源保护工作应贯穿于人与水的各个环节中。从更广泛的意义上讲，正确客观地调查和评价水资源，合理地规划和管理水资源，都是水资源保护的重要手段，这些工作是水资源保护的基础。从管理的角度来看，水资源保护主要是"开源节流"、防治和控制水源污染。这一方面涉及水资源、经济、环境三者平衡与协调发展的问题，另一方面涉及各地区、各部门、集体和个人用水利益的分配与调整的问题。

（三）水资源保护的技术与社会问题

水资源保护工作涉及的技术、社会环节复杂，既有工程技术问题，也有经济学和社会学问题。同时，水资源保护还需要广大群众积极响应，共同参与。可以说，水资源保护也是一项社会性的公益事业。通过各种措施和途径，水资源在使用上不致浪费，水质不致污染，水资源实现合理利用。

二、水资源保护的历史

早在公元前4世纪，波斯地区的居民就有不向河里撒尿、吐痰，不在河里洗手等规定，这可以说是最原始的水资源保护措施。现代的水资源保护是伴随着人类社会活动和经济活动的不断发展而出现的。初期的水资源保护，主要是防治城市生活污水造成的以病原体为主的生物污染。

（一）古代社会的水资源保护

18世纪，欧洲的一些大城市（英国伦敦、德国汉堡等），因饮用水源遭到生物污染，霍乱、痢疾等疾病多次暴发，广泛流行，造成成千上万的人死亡。为了防止传染病的发生，欧洲的一些大城市进行了初始水源保护，并发展了简易的水处理设施和技术。

（二）近代社会的水资源保护

工业革命以后，城市污水（特别是工业废水）迅速增加，污染物成分日益复杂，水污染问题日趋严重，而且波及的范围很广。一些工业化国家（如美国、英国、德国、法国、日本等）的河流和湖泊污染非常严重，成为社会公害。这些国家开始着手采取措施进行水资源保护。

三、水资源被污染的原因分析

地球上的水似乎取之不尽，其实从人类的使用情况来看，只有淡水才是主要的水资源，而且淡水中只有一小部分能被人们使用。淡水是一种可以再生的资源，其再生性取决于地球的水循环。随着工业的发展、人口的增加，大量水体被污染。为利用河水，许多国家在河流上游建造水坝，改变了水流情况，使水的循环、自净受到了影响。

20世纪80年代后期，全球淡水实际利用的数量大约为3 000亿立方米/年，占可利用水资源总量的 1%~3%。但是，随着人口的增长及人均收入的增加，人们对水资源的消耗量也以几何级数增长。

工业废水是水资源污染的主要源头之一。虽然很多国家对工业废水加大了处理力度，但污水的排放量还在不断增加，导致水资源不断恶化。同时，工业固体废物的排放也形成污染源。固体废弃物的堆放不但要占用大量的土地，还对空气、地下水、河流等造成了巨大的环境危害，而且使江湖面积缩小，影响水资源的利用。固体废物中的有害物会渗入地下，造成污染。

农业方面引起的水污染。随着农业的发展，农业面源污染已成为水环境污染、湖泊水库富营养化的主要影响因素。农业生产中使用的化肥和农药残留物对土壤和地下水及河流、湖泊都带来不小的污染危害。农药对水体造成的污染十分严重。

城市生活垃圾引起水污染。随着城市的发展，居民的生活垃圾量庞大，而由于生活垃圾的再利用效率低，大部分垃圾只有堆放在土地上，不仅占据了大面积的土地，还会产生各种病菌。这些病菌会污染空气和地下水，导致环境污染，威胁饮用水和农产品安全。

四、水域纳污能力与水资源保护途径

长期以来，人们对水环境污染源控制采取的是以浓度控制为主的管理模式。单一浓度控制虽然对污染治理起到了积极作用，但水质继续恶化，水资源保护目标难以实现。

（一）水域纳污能力

水域的纳污能力与水体功能、水环境执行标准和水体的自净能力有关。自净能力是水环境本身的一种特有功能，研究水体自净能力，确定水域环境功能和环境容量是分析水域纳污能力的基础。

1. 相关概念解析

建立污染物总量控制制度中的"总量"一词指的是在一定区域和时间范围内的排污量的总和。

单纯的浓度控制达标管理，难以实现用较少的投资最大限度地削减污染物，以较低的代价实现环境质量的改善，不利于对污染物实施全过程控制，不利于提高污染源控制与管理水平。

所谓总量控制，就是在规定的时间内，对某一区域或某一企业在生产过程中产生的污染物最终排入环境的数量的限制。企业在生产过程中的排放总量包括以"三废"形式排放的有组织的排放量；以杂质形式附着于产品、副产品、回收品而被带走的量；在生产过程中以跑、冒、滴、漏等形式无组织排放的量。区域排放总量包括区域内工业污染源、交通污染源、生活污染源产生的污染物的排放量的总和。

在实施总量控制时，污染物的排放总量应小于或等于允许排污量。区域的允许排污量应当等于该区域环境允许的纳污量。

环境允许的纳污量由环境允许负荷量和环境自净容量确定。污染物总量控制管理比排放浓度控制管理具有较明显的优点，它与实际的环境质量目标相联系，在排污量的控制上宽严适度。执行污染物总量控制可以避免浓度控制引起的不合理稀释排放废水、浪费水资源等问题，有利于区域水污染控制费用的最小化。实践证明，总量控制和排污许可证制度对控制污染物的排放效果显著。

2. 法律依据

根据《中华人民共和国水污染防治法》的规定，超过国家规定的企业事业单位污染物排放总量的，应当限期治理。《中华人民共和国水污染防治法》规定了排污总量控制制度。

2016年12月召开的十二届全国人大常委会第二十五次会议审议了国务院提交的《中华人民共和国水污染防治法（修正案草案）》。这是继2015年1月1日新的《中华人民共和国环境保护法》、2016年1月1日新的《中华人民共和国大气污染防治法》开始实施以来，在污染防治立法领域的又一重要进展。该修正案草案审议通过后，为我国推进全面依法治国、在生态文明建设领域构建最严格的生态环境保护制度增加法律依据。

强化水污染防治工作事关人民群众切身利益，需要全社会的广泛关注和全体社会成员的积极努力。《中华人民共和国水污染防治法》的修订，从立法规划、计划确定，到草案要解决的主要问题，再到审议的具体安排，无不彰显出浓厚的民生关切。

《中华人民共和国水污染防治法》规定，排污总量控制制度只有在对实施水污染达标排放仍不能达到国家规定的水环境质量标准的水体才能适用。

这表明排污总量控制制度只是排污浓度控制制度的补充（如果采用浓度控制能够达到国家规定的水环境质量标准，则不适用总量控制制度）。

对于排污企业而言，只有有排污量削减任务的，才对其核定排污总量控制指标的削减量及削减时限。

水域纳污能力分析的一项基础工作——排污口调查是紧密围绕着水域纳污能力开展的调查工作。其调查内容主要有排污口位置、污水来源及污水量、水质及其污染物排放通量、污染源治理措施及其处理效果、污染源评价确定主要污染源和主要污染物、排污口规范管理等。

（二）水资源保护途径

防治水污染、保护水环境事关民生福祉，需要各级政府和有关部门按照中央统一部署，更加主动自觉地加大对依法推动水污染防治工作的力度。为保证各级地方政府切实承担起对本行政区域水环境质量负总责的法定责任，针对未达到水污染防治规划确定的水环境质量改善目标的情况，《中华人民共和国水污染防治法》规定，有关市、县级人民政府应当制定限期达标规划，明确防治措施及达标时限，并可以根据达标需要对本行政区域内的水污染物排放单位提出严于国家和地方水污染物排放标准的控制要求。

2022年，郑州市落实《河南省"十四五"节能减排综合工作方案》（豫政〔2022〕29号），大力推动节能减排，深入打好污染防治攻坚战，加快建立健全绿色低碳循环发展经济体系，推进经济社会全面绿色低碳转型，稳妥有序推进碳达峰碳中和。

1. 国家要加强立法

国家应将水资源的污染和治理写入法律，强化监督和执法，以法律控制污染，最终保护水资源，保障水资源的可持续利用。进行水污染控制，要注意防治结合，运用法律、行政、经济、技术和教育的手段，对各行业进行污染监督，预防新的污染产生。国家应加强对经济发展规划和建设项目的环境影响评价，还应包括重要建设政策的评价，防患于未然，不开展危害环境与资源的项目建设。国家应通过科学评估，积极监督水污染的发生，科学开展治理活动，加强生态保护。

2. 推行清洁生产，要预防污染

国家首先要对工业污染的源头进行控制，实现对资源的合理利用，而不是着眼于废水浓度的达标排放。在水污染物的排放标准制定方面，单一的浓度和污染指标的控制应转向污染总量控制和各项污染指标严格控制相结合。我国要根据实际情况，走可持续发展的道路，走出一条以保护资源与环境为目标的全新的发展道路。

3. 倡导节水型产业，提高水资源利用率

环境的承载力是有限的，国家相关部门负责建立水域安全利用指标，对水资源的使用量要加以限定。国家应鼓励企业创新技术，提高水资源利用率，实现循环利用，节约用水。国家应加快建设城市废水处理厂，城市的废水要在处理的过程中实现循环利用。缺水地区更应大力实现废水的资源化利用，即利用处理后的废水开展市政建设、城市基础设施建设等。我们要积极行动起来，节约、保护水资源。水是人类赖以生存的重要资源，是生命之源。保护水资源不仅是国家的事，更是我们每个人的事。

4. 单项单源治理发展为综合防治

世界各国水污染防治的特点是从局部治理发展为区域治理，从单项单源治理发展为综合防治，即对区域水资源状况、利用现状、污染程度、净化处理和自然净化能力等因素进行综合考虑，以求得整体最优的防治方案。英国晤士河、美国特拉华河等，都是在多年调查研究的基础上，运用系统工程的原理与方法，对复杂的水环境进行综合系统分析与模拟，对治理方案进行了优化选择，花费较少的投资与时间，获得了良好的治理效果。

五、我国城市污水处理行业分析

20世纪50年代以后，全球人口急剧增长，工业发展迅速，全球水资源状况迅速恶化。进入 21 世纪，城市化进程进一步加快，城市污水处理成为未来城市发展的瓶颈。一方面，人类对水资源的需求以惊人的速度增长；另一方面，日益严重的水污染影响大量可供使用的水资源。

（一）污水处理设施设计的依据

人类在生产和生活过程中用过的水，绝大部分排入污水管道，但这并不说明污水量就等于给水量，因为有时用过的水并没有排入污水管道，如消防、冲洗街道的水排入了雨水管道或蒸发掉，再加上污水管道的渗漏等造成了污水量小于给水量。一般城市的污水量为给水量的 80%~90%。在某些情况下，实际排入污水管道的污水量也可能大于给水量。例如，地下水经管道接口处渗入、工厂或其他用户没有分散的给水设备，这些用户的给水量可能未包括在城市集中给水量之内等，这时就可能出现污水量大于给水量。

在不同的工业企业中，工业废水的排放情况很不一致，某些工厂的工业废水是均匀排出的，但很多工厂的工业废水排出情况变化很大，甚至一些个别车间的工业废水可能在短时间内一次性排放。加上工厂新工艺及新产品的出现等使城市污水的水质、水量也随之不断变化。

综上所述，城市污水的水质、水量的变化还与城市的发展状况、人民生活水平、卫生器具以及城市所处地理位置、气候和季节有关。

城市污水处理厂设施的设计规模取决于排入下水道的工业废水总量、雨水量以及使用下水道的城市人口排污量。

（二）污水处理行业的业态变化

我国水资源人均占有量少，空间分布不平衡。随着我国城市化、工业化的加速，水资源的需求缺口也日益增大。在这样的背景下，污水处理行业成为新兴产业，与自来水生产、供水、排水、中水回用行业处于同等重要地位。

1. 污水处理能力逐步提升

在国家产业政策的引导下，近年来，我国城镇污水处理设施建设不断完善和运行管理力度不断加大，污水收集处理能力显著提升。数据显示，我国城市和县城污水处理率逐年增长，城市污水处理率由 93.44% 提升至 97.53%，县城污水处理率由 87.38% 提升至 95.05%，均已达到较高水平。建制镇污水处理率增长缓慢，从 52.64% 增长至 60.98%，与城市、县城差距较为明显。

2. 污水处理厂数量稳定增长

随着城市和县城污水处理率逐渐接近 100%，污水处理量将与排放量同步提升，新建污水处理厂数量将保持稳定增长。数据显示，我国城市和县域污水处理厂数量由 2016 年的 3 552 座增长至 2020 年的 4 326 座，平均增长率为 5.4%。

新时代，我国采取继续扩大内需、促进经济增长政策，把环境保护放在突出的战略位置。国家发改委污染治理和节能减碳专项（污染治理方向）2022 年中央预算内投资 70 亿元，支持各地污水处理、污水资源化利用、城镇生活垃圾分类和处理、危险废物处置、园区环境基础设施、海水淡化等项目建设。该专项投资计划坚持"一钱两用""一钱多用"，积极服务重大区域发展战略建设，重点向长江经济带、黄河流域、国家生态文明试验区等重点区域倾斜。

国家发改委将严格落实项目管理要求，强化项目实施调度监管，加大监督检查工作力度，督促指导相关地区加快中央预算内投资计划执行和项目实施，切实发挥中央预算内投资效益。可以说，污水处理行业迎来发展机遇。

3. 污水处理行业现状

近年来，我国经济稳定增长，随着我国城镇化进程的不断推进，城镇污水排放总量持续增长。污水排放总量的增长和污水处理能力要求的提升，直接驱动污水处理设施和相关设备的需求不断释放。

与发达国家相比，我国城市污水处理率相对较低，其主要原因是我国的城市污水处理厂建设滞后。资料显示，美国平均每 1 万人拥有 1 座污水处理厂，英国和德国每 7 000~8 000 人拥有 1 座污水处理厂。而我国平均每 150 万城镇人口拥有 1 座污水处理厂。住房和城乡建设部通报的全国污水处理情况显示，已建成的污水处理厂，除正在调试运行外，还有不能正常运行的。其原因主要如下：

第一，对污水处理组织管理不力，致使有的污水处理厂已建成半年甚至近一年仍未运行。

第二，一些已建成污水处理厂的城市仍未开征污水处理费，或者收费标准和征缴率低，污水处理设施运行经费难以保障。

第三，污水收集管网建设滞后，污水处理厂运行负荷率低，甚至难以运行。

第四，地方配套资金不落实，影响污水处理厂调试运行。

另外，还有部分城市污水处理厂设计规模偏大，过度超前，造成设施能力部分闲置而不能充分发挥效益。

4. 污水处理项目建设情况

新型冠状病毒感染疫情过后，2023 年伊始，很多地方复工复产速度加快，全力推进污水处理项目建设也是当务之急。2023 年全国"两会"已经拉开经济复苏的大幕，2023 年的国务院《政府工作报告》提出："深入推进环境污染防治。加强流域综合治理，加强城乡环境基础设施建设，持续实施重要生态系统保护和修复重大工程……持续打好蓝天、碧水、净土保卫战。"

把好高耗能、高排放项目准入关口，节能降耗、绿色低碳发展已然是再生水行业的共识。随着低碳发展要求不断提高和环保标准不断严格，环保行业进入高质量发展新阶段，既面临转型机遇，也要应对挑战。

在低碳发展要求下，污水处理厂改革的重点已经成为社会关注的焦点。环保产业进入高质量发展阶段，将向综合化和专业化方向发展，这就需要推进产业方向的转型，回归"环境服务业"本质。

（三）污水处理行业的经营瓶颈

污水处理企业作为生态环保、资源再利用实施单位，肩负生态环境优化、经济可持续发展的重任。近年来，一些污水处理厂超标排放成为污染源，引起了社会的广泛关注，如何来解决污水处理厂超标排放的问题成为地方政府乃至整个社会关注的问题。

1. 超标排放问题

水污染防治强调对水污染物的排放实行全流程监控，要求排污许可证明确水污染物种类、浓度、总量和排放去向等，通过对排污企业许可证的管理，实现对区域和流域环境质量的管控，解决实践中比较突出的个体达标与总体超标的问题，落实水污染物排放总量控制。企业自动监测设备应与环保部门的监控设备联网，明确企业自行监测义务，有助于实现从行政管制到自我管理的过渡，落实企业污染防治的主体责任。

解决超标排放问题首先要解决污水处理厂进水水质超标问题。随着目前环保监管的严格落实，上游企业恶意超标排放的情况已越来越少，但仍偶有发生，主要原因是上游生产企业对污水处理的专业度不足。

2. 解决污水处理厂进水水量波动问题

污水处理厂存在"吃不饱"或"超负荷"的极端情况。现有的排水体制中普遍存在雨污合流的情况，导致水量不稳定，旱季、雨季水量波动大。这种水量的波动，对污水处理厂工艺调控非常不利，部分污水处理厂无法应对水量频繁急剧的波动，很容易导致出水水质不稳定。此外，由于污泥处置单位处理能力有限，存在部分污水处理厂污泥无法及时外运的问题，在一定程度上制约了污水处理厂的正常生产运行。

污水处理厂超标排放，不得不面对的一个问题是碳氮比失衡，造成碳源不足。随着管网提质增效的开展，虽然这一情况已有所好转，但是污水处理厂进水浓度呈逐年上涨趋势。

3. 上下游协同，解决污水处理费用问题

由于上游企业更注重化学需氧量（COD）的去除，对氮磷的去除重视度不足，导致排入管网进入污水处理厂的碳氮比失衡。针对此类问题，专业的环保企业要介入上游生产企业的污水治理，大力推行环保管家和第三方治理，积极介入工业水市场，帮助排污企业解决后顾之忧，助力地方经济发展。

污水处理费上涨也是全社会颇为关注的话题之一。近年来，多地出现了污水处理收费标准上涨的情况，造成价格上涨的主要原因有很多。

随着绿色环保要求的提高，各地方要求污水处理厂的出水排放标准不断提高。之前的标准主要基于物理指标、化学指标进行考量，今后可能会叠加生物多样性指标等。随着对污水处理厂出水标准的提高，污水处理厂也要同步进行提标改造，产生的运行成本自然相应提高，造成污水处理收费标准上涨。另外，电价、原材料价格、人工成本的上涨以及建造成本的增加，也促使污水处理收费标准提高。

4. 持续创新与改革

污水处理提标改造能够倒逼行业变革。污水处理产业链一直面临着耗能高的问题，在低碳发展要求下，污水处理厂改革的重点发生变化。

第一，持续创新和标准化。污水处理厂应通过长期运营服务积累的实践经验，开发应用能效管理系统，提高系统运行效率；围绕运营项目化学除磷、外加碳源脱氮、化学药剂投放处理单元，健全化学药剂投放计量设施、化学药剂使用和储存管理制度；落实运营技术指引本地化，提出并落实整改措施，积极实施化学药剂高效利用技术改造；持续不断地进行技术创新，积累运行中节能降耗的优秀案例，进行固化和标准化，形成产品标准，在运营服务范围内推广，推进节能降耗工作。

第二，加强运行智能化。污水处理厂应将工艺的先进控制经验、模型，转化为自控程序，通过程序控制取代人工操作，避免因操作偏差而造成的能耗、物耗浪费，实现全天候、高水平的稳定生产运行，实现节能降耗。

第三，加强产业链协同。从整个产业链来看，上游企业往往将 COD 处理至较低水平，排到下游污水处理厂。下游污水处理厂需要再投放碳源补充 COD，带来双重浪费，加大了碳排放量。2020 年 12 月，生态环境部出台了《关于进一步规范城镇（园区）污水处理环境管理的通知》，明确鼓励上下游协商排放、协同处理。但是，该通知在各地执行层面仍缺少实施细则，导致政策难以切实落地。

（四）村镇水务逐渐成熟

1. 产业的综合化和专业化转型

环境产业进入高质量发展阶段，将向"两极"方向发展，即综合化和专业化。所谓综合化，要求产业方向的"三大转型"：第一，从环境到生态转型。新时代水生态建设和环境保护基调从"污染防治"发展到"生态建设"，统筹"生活用水、生产用水、生态用水"，实施水资源、水生态、水环境的"三水共治"。第二，从无害化到资源化转型。绿水青山的价值要从"外部性"变为"内部化"，绿水青山要转化为金山银山。第三，从局部到整体转型。过去，环境产业是从"末端"延伸到"上游"，现在是从"局部"延伸到"整体"，即"厂—网—河—湖—沿海"，从"单一水介质"延伸到"水固气多介质"共治，从"单一基础设施建设"延伸到"多种基础设施协同共建"，从"节能降耗的减排"延伸到"减排降碳同行"。最终，在双碳约束条件下的环境产业要向绿色产业升级发展。

所谓专业化，要求环境产业回归"环境服务业"的本质。环境产业"上半场"是投资建设阶段，业态属性是"资产类业务"。在投资建设热潮归于平淡之后，环境产业进入"下半场"，即服务经营阶段，业态属性是"服务类业务"。产业从"增量时代"进入"存量时代"，更多的业务是"服务类业务"，即专业化服务相关业务，这就需要企业在发展战略、盈利模式、组织结构等方面进行变革。

从市场需求看，城镇污水处理市场趋于饱和，乡镇污水处理市场前景较好，但同时也存在一些难题。

2. 着眼于农村人居环境改善

2023 年中央一号文件以及国家发改委等三部门联合印发的《关于推进建制镇生活污水垃圾处理设施建设和管理的实施方案》都对农村人居环境改善提出了要求。

农村具有污水体量较大、单体处理量较小的特点。工程建设应坚持方案、设计、建设、装备、运行全链条统筹实施，以运营结果为导向，实现单元的快速复制。工程运营要坚持片区管理模式，将技术赋能至一线、管理下沉至一线、工程师解决问题至一线，真正解决一线运营的难点与痛点，保证站点、管网的长效运营。环保企业要充分发挥技术研发优势，实现农村污水处理设施的装备化和工厂化，并形成一套可复制、易维护的技术产品标准体系，降低项目建设及采购成本。

3. 基于未来发展的趋势化思考

对于污水处理行业而言，低碳发展要求和排放标准等都在不断提高，为此很多企业提出了"未来水厂"的概念，即基于未来发展来理解未来新水务。

全球范围的低碳共识与行动倡导彻底改变了传统工业时代形成的发展理念，新的环保理念在交通行业的无人驾驶、物流行业的黑灯工厂、商业领域的新零售业态等发展新范式中已初见端倪。污水处理行业对未来的探索也从未停止。

20 世纪 60 年代，美国提出了具有超前思维的"21 世纪水厂"的概念，对行业发展产生了深远影响。21 世纪初，新加坡开发了新工艺（"NEWater"），实现了污水到饮用水的深度回用，污水处理厂的发展得到进一步推动。2014 年年初，中国工程院院士曲久辉等 6 位环境领域著名专家提出，建设面向未来的中国污水处理概念厂，并于 2021 年建成投产。我们应清醒地认识到，当前污水处理行业的发展规模已经趋于稳定，发展质量没有出现跨越式改善，行业创新主要沿着持续性轨道推进。在新形势下，污水处理行业未来如何促进人类社会的发展？这既需要持续的技术创新推动行业进步，也需要模式变革引导行业新方向，更需要跨行业、跨专业，实现科技、工程、管理、经济等不同领域的全面参与。

第四章

城市污水处理技术与工艺创新

城市的排水工程是城市基础设施建设的重要组成部分之一，直接影响到城市各种功能的发挥，是一项系统工程。随着人口规模、用地规模的不断扩大，城市的排水量日益增大，加快完善再生水处理设施，提高再生水处理能力，对实现可持续发展、提高区域环境质量、促进生态区的建设和社会经济的发展具有重要意义。

第一节　城市污水处理的概念与技术

一般城市污水主要污染物是易降解有机物，所以绝大多数城市污水处理厂都采用好氧生物处理法。如果污水中废水比重很大，难降解有机物含量高，污水可处理性差，就应考虑增加厌氧处理改善可处理性的可能性，或采用物化法处理。

一、城市污水处理的概念

城市污水处理活动是政策性很强的活动，必须在国家政策和法律的范围内实施。

（一）城镇污水处理政策

《城镇排水与污水处理条例》第三十条规定："城镇污水处理设施维护运营单位或者污泥处理处置单位应当安全处理处置污泥，保证处理处置后的污泥符合国家有关标准，对产生的污泥以及处理处置后的污泥去向、用途、用量等进行跟踪、记录，并向城镇排水主管部门、环境保护主管部门报告。"污水处理是指为改变污水性质，使其对环境水域不产生危害而采取的措施。

《城镇排水与污水处理条例》第三十七条规定："国家鼓励城镇污水处理再生利用，工业生产、城市绿化、道路清扫、车辆冲洗、建筑施工以及生态景观等，应当优先使用再生水。县级以上地方人民政府应当根据当地水资源和水环境状况，合理确定再生水利用的规模，制定促进再生水利用的保障措施。再生水纳入水资源统一配置，县级以上地方人民政府水行政主管部门应当依法加强指导。"

（二）城市污水处理等级

城市污水处理一般分为以下三级：

一级处理，即应用物理处理法去除污水中不溶解的污染物和寄生虫卵。

二级处理，即应用生物处理法将污水中各种复杂的有机物氧化降解为简单的物质。

三级处理，即应用化学沉淀法、生物化学法、物理化学法等，去除污水中的磷、氮、难降解的有机物、无机盐等。

至于污水处理厂采取哪级处理比较合理，应视对最终排出物的处理要求而定。

二、城市污水处理技术

城市污水处理技术就是利用各种设施设备和工艺技术，将污水所含的污染物质从水中分离去除，使有害的物质转化为无害的物质、有用的物质，使水得到净化，并使资源得到充分利用。

城市污水处理技术通常有生物处理技术、物理处理技术、化学处理技术、物理化学处理技术等。

典型的生物处理技术有好氧性氧化分解和厌氧生物发酵技术。

典型的物理处理技术在城市污水处理中应用的有沉淀技术、过滤技术、气浮技术等。

典型的化学处理技术和物理化学处理技术有中和、加药混凝、离子交换、膜渗透技术等。

污水三级处理工艺流程如图4-1所示。

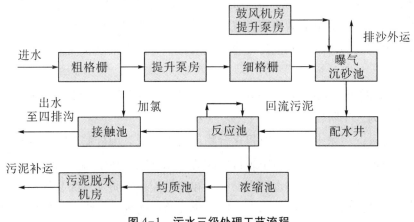

图4-1　污水三级处理工艺流程

（一）生物处理技术

废水生物处理技术（biological treatment of wastewater），即利用微生物的代谢作用除去废水中有机污染物的一种方法，又称废水生物化学处理法，简称废水生化法。废水生物处理技术分需氧生物处理法和厌氧生物处理法两种。

1. 需氧生物处理法

需氧生物处理法是指利用需氧微生物在有氧条件下将废水中复杂的有机物进行分解的方法。生活污水中的典型有机物是碳水化合物、合成洗涤剂、脂肪、蛋白质及其分解产物，如尿素、甘氨酸、脂肪酸等。

这些反应依赖于生物体系中的酶来加速。许多酶只有在一些称为辅酶和活化剂的特殊物质存在时才能进行催化反应，钾、钙、镁、锌、钴、锰、氯化物、磷酸盐离子在许多种酶的催化反应中是不可缺少的辅酶或活化剂。

在需氧生物处理过程中，污水中的有机物在微生物酶的催化作用下被氧化降解，分三个阶段。在第一阶段，大的有机物分子降解为构成单元——单糖、氨基酸或甘油和脂肪酸。在第二阶段，第一阶段的部分产物被氧化为下列物质中的一种或几种：二氧化碳、水、乙酰基辅酶A、α-酮戊二酸（或称α-氧化戊二酸）、草醋酸（或称草酰乙酸）。在第三阶段（三羧酸循环，是有机物氧化的最终阶段），乙酰基辅酶A、α-酮戊二酸和草醋酸被氧化为二氧化碳和水。有机物在氧化降解的各个阶段都释放出一定的能量。

在有机物降解的同时，微生物原生质的合成反应得以发生。在第一阶段，被作用物分解成的构成单元可以合成碳水化合物、蛋白质和脂肪，再进一步合成细胞原生质。合成能量是微生物在有机物的氧化过程中获得的。

2. 厌氧生物处理法

（1）厌氧生物的处理对象。厌氧生物处理法主要用于处理污水中的沉淀污泥，因此又称污泥消化。厌氧生物处理法也用于处理高浓度的有机废水。这种方法是在厌氧细菌或兼性细菌的作用下将污泥中的有机物分解，最后产生甲烷和二氧化碳等气体。这些气体是有经济价值的能源。我国大量建设的沼气池就是具体应用这种方法的典型实例。处理后的污泥比原生污泥容易脱水，所含致病细菌大大减少，臭味显著减弱，体积缩小，易于处置。

（2）厌氧生物处理的阶段。城市污水沉淀污泥和高浓度有机废水的完全厌氧消化过程可以分为三个阶段：

在第一阶段，污泥中的固态有机化合物借助于从厌氧菌分泌出的细胞外水解酶得到溶解，并通过细胞壁进入细胞中进行代谢的生化反应。在水解酶的催化下，复杂的多糖类水解为单糖类，蛋白质水解为缩氨酸和氨基酸，脂肪水解为甘油和脂肪酸。

在第二阶段，在产酸菌的作用下，第一阶段的产物进一步降解为比较简单的挥发性有机酸等，如乙酸、丙酸、丁酸等以及醇类、醛类等，同时生成二氧化碳和新的微生物细胞。

第一阶段和第二阶段又称为液化过程。

在第三阶段，在甲烷菌的作用下，第二阶段产生的挥发酸转化成甲烷和二氧化碳，因此又称为气化过程。

（3）反映环境的要求。为了使厌氧消化过程正常进行，温度、pH值、氧化还原电势等必须保持在一定的范围内，以维持甲烷菌的正常活动，保证及时地和完全地将第二阶段产生的挥发酸转化成甲烷。

生物化学反应的速度直接受温度的影响。进行厌氧消化的微生物有两类：中温消化菌和高温消化菌。前者的适应温度范围为17℃~43℃，最佳温度为32℃~35℃；后者则在50~55℃具有最佳反应速度。

近年来，厌氧生物处理法应用于处理高浓度有机废水，如屠宰场废水、肉类加工废水、制糖工业废水、酒精工业废水、罐头工业废水、亚硫酸盐制浆废水等，比采用需氧生物处理法节省费用。

（二）物理处理技术

物理处理技术是通过物理作用，以分离、回收污水中不溶解的、呈悬浮状的污染物质（包括油膜和油珠），在处理过程中不改变其化学性质的方法。常用的物理处理技术有过滤法、沉淀法、浮选法等。

1. 过滤法

过滤法是指利用过滤介质截流污水中的悬浮物的方法。过滤介质有筛网、纱布、粒物，常用的过滤设备有格栅、筛网、微滤机等。

（1）格栅与筛网。在排水工程中，废水通过下水道流入污水处理厂，首先应经过斜置在渠道内的一组金属制的呈纵向平行的框条（格栅）、穿孔板或过滤网（筛网），使漂浮物或悬浮物不能通过而被阻留在格栅、细筛或滤料上。

格栅截留属于废水的预处理，目的在于回收有用物质；初步过滤废水，以便于以后的处理，减轻沉淀或其他处理设备的负荷；保护抽水机械，以免受到颗粒物堵塞发生故障；保护水泵和其他处理设备。格栅截留的效果主要取决于污水水质和格栅空隙。清渣方法有人工与机械两种。格栅渣应及时清理和处理。

筛网主要用于截留粒度在数毫米到数十毫米的细碎悬浮态杂物，如纤维、纸浆、藻类等，通常用金属丝、化纤编织而成，或者用穿孔钢板（孔径一般小于 5 毫米，最小可为 0.2 毫米）。筛网过滤装置有转鼓式、旋转式、转盘式、固定式等。不论何种形式，既要能截留污物，又要能便于卸料及清理筛面。

筛网可以对粒状介质进行过滤。废水通过粒状滤料（如石英砂）时，其中细小的悬浮物就被截留在滤料的表面和内部空隙中。常用的滤料有石英砂、无烟煤和石榴石等。在过滤的过程中滤料同时对悬浮物进行物理截留、沉降和吸附等作用。过滤的效果取决于滤料孔径的尺寸、滤料层的厚度、过滤的速度以及污水的性质等因素。

（3）微滤机。当废水自上而下流过粒状滤料层时，直径较大的悬浮颗粒首先被截留在表层滤料的空隙中，从而使此层滤料空隙越来越小，逐渐形成一层主要由被截留的团体颗粒构成的滤膜，并由它起主要的过滤作用。这种作用属于阻力截留或筛滤作用。废水通过滤料层时，众多的滤料表面提供了巨大的可供悬浮物沉降的有效面积，形成无数的"沉淀池"，悬浮物极易在此沉降下来。这种作用属于重力沉降。由于滤料具有巨大的表面积，因此它与悬浮物之间有明显的物理吸附作用。

此外，砂粒在水中常常带有表面负电荷，能吸附带正电荷的铁、铝等物质，从而在滤料表面形成带正电荷的薄膜，并进而吸附带负电荷的胶土和多种有机物等。

2. 沉淀法

沉淀法是利用污水中的悬浮物和水的相对密度不同的原理，借助重力沉降作用使悬浮物从水中分离出来的方法。根据水中悬浮颗粒的浓度及絮凝特性（彼此黏结聚团的能力），沉降可以分为四种：

（1）分离沉降（自由沉降）。在沉淀过程中，颗粒之间互不聚合，单独进行沉降。颗粒只受到本身在水中的重力和水流阻力的作用，其形状、尺寸、质量均不改变，下降速度也不改变。

（2）混凝沉降（絮凝沉降）。混凝沉降是指在混凝剂的作用下，废水中的胶体和细微悬浮物凝聚为具有可分离性的絮凝体，之后采用重力沉降予以分离去除。

混凝沉降的特点是在沉降过程中，颗粒接触碰撞而互相聚集形成较大絮体，因此颗粒的尺寸和质量均会随深度的增加而增大，其沉降速度也随深度而增加。常用的无机混凝剂有硫酸铝、硫酸亚铁、三氯化铁以及聚合铝；常用的有机絮凝剂有聚丙烯酰胺等。

（3）区域沉降（拥挤沉降、成层沉降）。当废水中悬浮物含量较高时，颗粒间的距离较小，其间的聚合力能使其集合成为一个整体，并一同下沉，而颗粒相互间的位置不发生变动，因此澄清水和浑水间有一个明显的分界面，逐渐向下移动，此类沉降称为区域沉降。加高浊度水的沉淀池和二次沉淀池中的沉降（在沉降中后期）多属此类。沉淀池和二次沉淀污水处理工艺如图4-2所示。

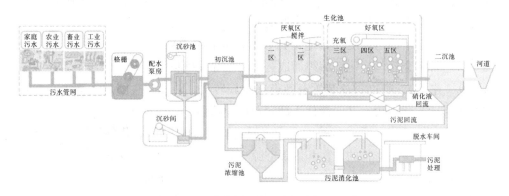

图4-2　沉淀池和二次沉淀污水处理工艺

（4）压缩沉淀。当悬浮液中的悬浮固体浓度很高时，颗粒互相接触、挤压，在上层颗粒的重力作用下，下层颗粒间隙中的水被挤出，颗粒群体被压缩。

压缩沉淀发生在沉淀池底部的污泥斗或污泥浓缩池中，进行得很缓慢。依据水中悬浮性物质的性质不同，污水处理厂设有沉砂池和沉淀池两种设备。沉淀池和沉砂池用于除去水中砂粒、煤渣等相对密度较大的颗粒物。沉砂池一般设在污水处理装置前，以防止处理污水的其他机械设备受到磨损。沉淀池是利用重力的作用使悬浮性杂质与水分离，可以分离直径为20微米以上的颗粒。

根据水流方向，沉淀池可以分为平流式沉淀池、辐流式沉淀池和竖流式沉淀池三种。

①平流式沉淀池：废水从沉淀池一端流入，按水平方向在沉淀池内流动，水中悬浮物逐渐沉向沉淀池底，澄清水从沉淀池另一端溢出。

②辐流式沉淀池：沉淀池多为圆形，直径较大，一般在 20 米以上，适用于大型污水处理厂。原水经进水管进入中心筒后，通过筒壁上的孔口和外围的环形穿孔挡板，呈辐射状流向沉淀池周边。由于过水断面不断增大，流速逐渐变小，颗粒沉降下来，澄清水从其周围溢出汇入集水槽排出。

③竖流式沉淀池：沉淀池截面多为圆形，也有方形和多角形的。水由中心管的下口流入沉淀池中，通过反射板的阻拦向四周分布于整个水平断面上，缓缓向上流动。沉速超过上升流速的颗粒则沉到污泥斗，澄清后的水由四周的埋口溢出沉淀池外。在污水处理与利用的方法中，沉淀（或上浮）法常常作为其他处理方法前的预处理。例如，采用生物处理技术处理污水时，一般需要事先经过沉淀池去除大部分悬浮物质，以减少生化处理时的负荷，而经生物处理技术处理后的出水仍要经过二次沉淀池的处理，进行泥水分离以保证出水水质。

3. 浮选法

浮选法将空气通入污水中，并以微小气泡形式从水中析出成为载体，污水中相对密度接近于水的微小颗粒状的污染物质（如乳化油等）附在气泡上，并随气泡上升到水面，之后用机械的方法撇除，从而使污水中的污染物质得以从污水中分离出来。疏水性的物质易气浮，而亲水性的物质不易气浮。因此，有时为了提高气浮效率，污水处理厂需要向污水中加入浮选剂改变污染物的表面特性，使某些亲水性物质转变为疏水性物质，然后通过气浮除去。气浮要求气泡的分散度高、气泡数量多，有利于增强气浮的效果。泡沫层的稳定性要适当，既便于浮渣稳定在水面上，又不影响浮渣的运送和脱水。

浮选法污水处理工艺流程如图 4-3 所示。

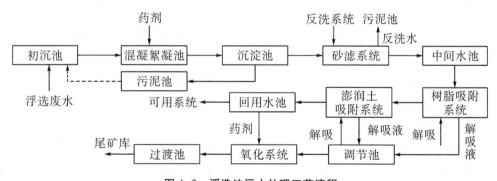

图 4-3 浮选法污水处理工艺流程

产生气泡的方法有以下两种：

（1）机械法，即使空气通过微孔管、微孔板、带孔转盘等生成微小气泡。

（2）压力溶气法，即将空气在一定的压力下溶于水中，并达到饱和状态，然后突然减压，过饱和的空气便以微小气泡的形式从水中逸出。

目前，污水处理中的气浮工艺多采用压力溶气法。

浮选法的主要优点包括设备运行能力优于沉淀池，一般只需 15~20 分钟即可完成固液分离，占地少，效率高。浮选法产生的污泥较干燥，不易腐化，且系表面刮取，操作较便利。浮选法的整个工作是向水中通入空气，增加了水中的潜解氧量，对除去水中有机物、藻类表面活性剂以及臭味等有明显效果，其出水水质为后续处理及利用提供了有利条件。

浮选法的主要缺点包括耗电量较大；设备维修及管理工作量增加，运转部分常有堵塞的可能；浮渣露出水面，易受风、雨等气候因素影响。除了上述两种产生气泡的方法外，目前较为常用的方法还有电解气浮法

4. 离心分离法

离心分离法是指含有悬浮污染物质的污水在高速旋转时，利用悬浮颗粒（如乳化油）和污水受到的离心力不同，从而达到分离目的的方法。常用的离心设备有旋流分离器和离心分离器等。

(三) 化学处理技术

化学处理技术是指通过化学反应改变废水中污染物的化学性质或物理性质，使其或者从溶解、胶体或悬浮状态转变为沉淀或漂浮状态，或者从固态转变为气态，进而从水中除去的污水处理方法。污水化学处理技术可以分为污水中和处理法、污水混凝处理法、污水化学沉淀处理法、污水氧化处理法、污水萃取处理法等。有时为了有效地处理含有多种不同性质的污染物的污水，上述两种以上处理法可以组合起来。

1. 污水化学处理技术的基本原理

污水化学处理技术是利用化学反应来分离、回收污水中的污染物，或者将其转化为无害物质，主要工艺有中和、混凝、化学沉淀、氧化还原、吸附、萃取等。化学处理技术，特别是化学沉淀法，早在污水处理的初期就开始应用。它比自然沉淀法能更迅速而有效地去除污水中的悬浮物，去除悬浮物的效率达90%以上。这种处理方法的缺点是化学药剂比较昂贵，处理后产生大量难以脱水的污泥，因此它的发展一度受到限制。由于用途广泛的多种化学处理药剂和设备相继问世，价格逐渐降低，因此化学处理技术在污水处理中的应用日益广泛，已逐渐与生物处理技术共同使用。

2. 化学处理技术的主要措施

化学处理技术还可以作为生物处理技术的三级处理措施。化学处理技术还能有效地去除污水中的多种剧毒和高毒污染物，如用中和沉淀和硫化物沉淀法、电解法、离子浮选法、化学吸附法、溶剂萃取法去除或回收汞、锡、铜、锌、铬等重金属，用化学氧化法破坏氰化物和酚等。

污水化学处理技术应用流程如图4-4所示。

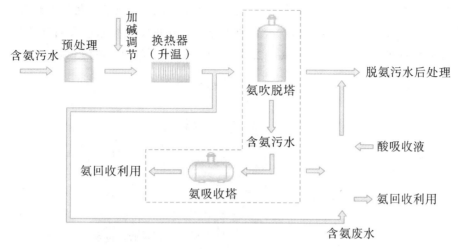

图4-4　污水化学处理技术应用流程

3. 化学处理技术的主要优点

与生物处理技术相比，化学处理技术能迅速、有效地去除种类更多的污染物，特别是能去除生物处理技术不能奏效的一些污染物。化学处理技术的设备容易操作，也容易实现自动检测和控制。一些有毒有害的污染物经化学处理技术处理能作为有用的资源回收利用。化学处理技术能实现一些工业用水的闭路循环。在水和其他资源日渐短缺的现状下，污水化学处理技术将获得更大的发展。

第二节　污泥处理技术概述

城市污水处理厂的污泥是城市污水处理过程中的副产物，它是指污水处理厂产生的固态、半固态以及液态的废弃物，主要源于初次沉淀池和二次沉淀池等工艺环节。随着城市化、工业化的快速发展，城市污水产生量日益增加，导致污泥产生量也在逐年提高。截至2020年11月底，我国共有10 826座污水处理厂在运行，每年产生湿污泥（含水率为80%）超过6 000万吨，且仍在持续增长。预计2025年，我国污泥年产量将突破9 000万吨。

随着对污泥环境风险和危害的认识不断清晰，国家及各地政府陆续出台各类政策、法规和规划，逐渐从"重水轻泥"的态势转变成"泥水并重"的态势，对污泥的处理处置给予足够的重视。

一、污泥处理技术

污泥中除了含有大量的水分外，还含有大量的重金属、有机物、氮和磷等植物性营养元素以及病原微生物和寄生虫卵等。污泥处理不当，会对环境和人体健康产生不良影响，污水处理厂需要对其进行稳定化、减量化和无害化处理。污泥处理技术主要包括热干化技术、深度脱水技术、厌氧消化技术、好氧发酵技术以及石灰稳定技术，分别占污泥处理技术的31%、27%、20%、18%和1%（见图4-5）。

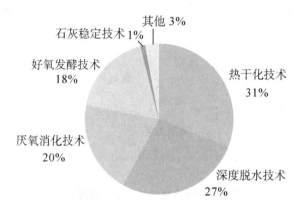

图 4-5　污泥处理技术分布图

（一）主要污泥处理技术介绍

1. 热干化技术

污泥的热干化是指通过污泥与热媒之间的传热作用，脱除污泥中水分的工艺过程。污泥热干化系统主要包括储运系统、干化系统、尾气净化与处理系统、电气自控仪表系统及其辅助系统等。

按污泥被干燥的程度不同，污泥的热干化分为全干化和半干化两种。全干化是指较高含固率的类型，如干化后污泥的含固率在85%以上；半干化是指干化后污泥的含固率在45%~60%的类型。

按污泥干燥的形式不同，污泥的热干化分为直接干化和间接干化两种。直接干化是利用热的干燥介质（如烟气）与污泥直接接触，以对流方式传递热量，并将蒸发的水分带走，又称热对流干化系统；间接干化是利用传导方式由热媒（如蒸汽等）通过金属壁面向污泥传递热量，蒸发的水分通过载气（如空气）带走并洗涤冷凝，又称热传导干化系统。

2. 深度脱水技术

近年来，污泥脱水技术得到了很大的发展，技术突破集中在污泥脱水前调理剂的研发和脱水机械设备的改进等方面。目前，污泥药剂调理+机械脱水的技术是在湿污泥原泥中加入污泥调理剂破坏污泥絮体微生物结构并溶胞，分离出物理性结合水，使微生物生物体的水分分离，最终使污泥中的结合水大部分转化为自由态水，再通过机械脱水设备将自由态水分分离。该技术已在制革污水处理厂污泥处理中规模化应用，处理后污泥含水率可以低于50%。为满足污泥后续处理处置的要求，污水处理厂需要进一步降低常规机械脱水污泥的含水率。

污泥的调质处理是污泥深度脱水的关键环节和核心技术。可以说，污泥调理技术水平高低决定了污泥深度脱水项目的成败。污泥的调质处理方法比较多，普遍采用在污泥中添加脱水剂、絮凝剂或混凝剂的方法，改变污泥中水分子（主要是间隙水和毛细水）存在方式和结构，有利于水与泥在一定条件下实现分离。常用的调质药剂为氯化铁（或硫酸铁、聚合硫酸铁）加生石灰。

3. 厌氧消化技术

污泥厌氧消化是指污泥在无氧条件下，由兼性菌和厌氧细菌将污泥中的微生物降解的有机物分解成二氧化碳、甲烷和水等，是污泥减量化、稳定化的常用手段之一。污泥厌氧消化具有减少污泥体积、稳定污泥性质、产生甲烷气体等优点。

传统的污泥厌氧消化具有反应缓慢、有机物降解率低和甲烷产量较少的缺点，限制了厌氧消化技术优势的发挥。水解是污泥厌氧消化过程中的限速步骤。因此，从20世纪70年代起，人们对包括高温热水解、超声波预处理、碱解预处理和臭氧预处理等方法在内的各种污泥厌氧消化强化技术开展了研究，通过击破污泥的细胞壁，使细胞内有机物质从固相转移到液相，促进污泥水解，提高污泥厌氧消化效果。其中，高温热水解技术相对较为成熟。

4. 好氧发酵技术

好氧发酵是在有氧条件下，微生物通过吸收、氧化、分解等活动，把一部分被吸收的有机物氧化成简单的无机物，同时释放出可供微生物生长所需的能量；另一部分有机物则被合成为新的细胞质，使微生物不断生长繁殖，产生出更多的生物体。污泥高温好氧发酵技术不断地分解有机物，使堆体温度不断升高，并能将其中的病原菌和寄生虫卵杀死，使之实现无害化。

污泥高温好氧发酵技术的产品称为堆肥，可以用作土壤改良剂和有机肥料。污泥高温好氧发酵技术重视污泥重金属污染问题，处理过程中由于好氧细菌的作用易产生恶性臭气，处理后的污泥含水率一般低于40%。

5. 石灰稳定技术

污水处理厂通过向脱水污泥中投加一定比例的生石灰并均匀掺混，使生石灰与脱水污泥中的水分发生反应，生成氢氧化钙和碳酸钙并释放热量。石灰稳定技术可以有效起到除臭、灭菌、抑制腐化、脱水、钝化重金属离子等作用。

在实际应用中，污水处理厂除了投加石灰外还往往投加其他辅料以增加效果。这些辅料有的含氮，增加氨气气体的产生，强化杀菌且有利于土地利用；有的为强酸的铁盐和铝盐，在提高反应温度的同时使固体无机成分的比例更适合于建材利用。辅料一般都为酸性，除了增加放热功能外还能适度调节 pH 值。

污泥处理技术的优缺点如表 4-1 所示。

表 4-1 污泥处理技术的优缺点

污泥处理技术	优点	缺点
热干化技术	污染显著减轻，体积可减少约75%；成品无臭且无病原体；可作为肥料、土壤改良剂	投资多，能耗高，运行成本高；高温干化易产生臭气；干化过程粉尘控制要求严格，存在安全隐患
深度脱水技术	减量效果好，能源消耗低，占地面积小，建设周期短，处理时间短	运行维护费用较高；稳定与杀菌不足，略臭；污泥中有机质含量未降低
厌氧消化技术	可杀死部分病原菌和寄生虫卵，不易腐臭；产生沼气，实现污泥生物质能的有效回收	消耗大量热能；工艺停留时间长；初期调试时间长；厌氧消化后污泥的含水率仍较高，必须进行后续处理
好氧发酵技术	杀灭污泥中病原菌和杂草种子，运行成本相对较低，制成的肥料可以用于土地	占地面积较大；堆肥过程中产生大量的臭气，污染周边环境
石灰稳定技术	投资少，运行成本低，占地面积小，操作管理简单，可用于建筑材料的基材	由于添加石灰量大，减量化程度相对其他工艺不高；药剂使用费高

二、传统污泥处理技术的应用

污泥是污水处理过程中的衍生品，属于非预期产品，经过技术处理后，仍然具有一定的经济价值。污泥处置技术包括传统处置技术和资源化利用发展技术。其中，卫生填埋技术、农业利用技术和污泥焚烧技术是主要的传统处置技术；制陶粒、砖、水泥等建筑材料和制备吸附剂材料是主要的资源化利用发展技术。

（一）卫生填埋技术

卫生填埋技术是早期国内外处置污泥的常用方法。其优点包括处理效率高、速度快，处理量大和填埋成本低等；其缺点是运输和建设成本高、占地面积大，填埋环境复杂的地区要充分考虑填埋技术措施。

污水处理厂在填埋之前应对污泥进行减容和降低含水率预处理，将预处理的污泥运输到填埋场填埋。同时，污泥填埋场的建设要充分考虑其环境、水文地质、土壤等问题。污水污泥防渗和卫生措施也是影响填埋场正常运行的关键条件。随着污泥产量不断增加、国内可用土地资源逐渐减少，卫生填埋技术将逐渐被其他技术替代。

（二）工业化利用技术

利用污泥中铁、钙、铜、钾等元素和有机质、腐殖质是实现资源化利用的方法之一。污泥中微量元素可以保证农作物正常生长以及水分吸收。污泥制肥料不仅可以代替耕种肥料还可以对污泥进行资源化利用，但也要考虑生产工艺和成本费用。因此，农业化利用技术是一项有待评估的技术措施。

（三）污泥焚烧技术

高温促使污泥中有机物燃烧释放高热量，热量可以用于发电与供暖。同时，高温可以杀死并分解病原微生物和毒性化学物质。目前，水泥厂、发电厂应用污泥焚烧技术较多。虽然污泥焚烧技术在减量化、稳定化方面存在较大优势，但在处理过程中产生飞灰、烟尘颗粒，如果处理不当会污染大气环境，须处理达标后进行排放。另外，污泥焚烧技术对设备、施工工艺要求较高，投入成本较大。

（四）制作建筑材料

污泥中含有大量无机物和金属离子，与部分建筑材料性质相近。将污泥与其他材料混合加工生产陶粒，代替传统黏土材料，不仅可以促进污泥的资源化利用，又可以避免黏土污染环境。这是一种以废治废的新途径。将污泥进行不同程度的处理与筛选，与其他制砖辅料混合，在高温环境下烧制成型，采用合适的生产工艺可以使砖块达到普通烧结砖块国家标准。由于污泥组成成分复杂，在经过高温灼烧后废渣的矿物成分与水泥相似，可以用作水泥熟料代替黏土生产硅酸盐水泥，但此项技术生产成本较高，不利于推广使用。

（五）制作吸附材料

利用污泥制作活性吸附材料对生产条件以及污泥的成分和种类有严格的要求。常用的污泥基吸附剂的制备方法是采用化学活化法，主要采用的活化剂有氯化锌、氢氧化钾和硝酸等。污泥基活性炭吸附剂具有高比表面积和发达的孔结构，能够对水环境中重金属、染料、有机物以及气体环境中的脱硫脱硝、有毒有害气体和挥发性有机物都表现出良好的吸附性能。

第三节　再生水处理工艺流程

城市污水处理工艺的确定是根据城市水环境质量要求、来水水质情况、可供利用的技术发展状态、城市经济状况和城市管理运行要求等方面的因素综合确定的。

一、城市污水处理工艺

（一）城市污水处理主要工艺

城市污水处理工艺仍在应用的有一级处理、二级处理、深度处理，但国内外最普遍流行的是以传统活性污泥法为核心的二级处理。

（二）城市污水处理工艺流程

工艺确定前一般都要经过周密的调查研究和经济技术比较。城市污水处理总流程如图 4-6 所示。

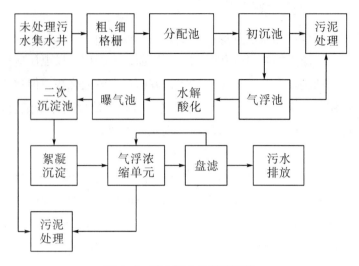

图 4-6　城市污水处理总流程

1. 预处理

城市污水处理厂的预处理工艺通常包括格栅处理、泵房抽升和沉砂处理。格栅处理的目的是截流大块物质以保护后续水泵管线、设备的正常运行。泵房抽升的目的是提高水头，以保证污水可以靠重力流过后续建在地面上的各个处理构筑物。沉砂处理的目的是去除污水中裹挟的砂、石与大块颗粒物，以减少它们在后续构筑物中的沉降，防止造成设施淤沙，影响功效，造成磨损堵塞，影响管线设备的正常运行。一级处理工艺主要是初级沉淀池，目的是将污水中悬浮物尽可能地沉降去除。

2. 二级处理

二级处理主要由曝气池和二次沉淀池构成，利用曝气风机及专用曝气装置向曝气池内供氧，主要目的是通过微生物的新陈代谢将污水中的大部分污染物变成二氧化碳和水，这也就是耗氧技术。曝气池内微生物在反应过后与水一起源源不断地流入二次沉淀池，微生物沉在池底，并通过管道和泵回送到曝气池前端与新流入的污水混合。二次沉淀池上面澄清的处理水则源源不断地通过出水堰流出污水厂。

3. 深度处理

深度处理是为了满足高标准的受纳水体要求或回用于工业等特殊用途而进行的进一步处理，通用的工艺有混凝沉淀和过滤。深度处理的末端往往还要有加氯要求和接触池。随着社会经济的高质量发展，深度处理是未来发展的趋势。

4. 污泥处理

污泥处理主要包括浓缩、消化、脱水、堆肥或家用填埋。其中，浓缩包括机械浓缩或重力浓缩；消化通常是厌氧中温消化，也就是厌氧技术。消化产生的沼气可以作为能源燃烧或发电，或者用于化工产品等。消化产生的污泥性质稳定，具有肥效，经过脱水、减少体积而成形，有利于运输。为了进一步改善污泥的卫生学质量，污泥还可以进行人工堆肥或机械堆肥。堆肥后的污泥是一种很好的土壤改良剂。重金属含量超标的污泥经脱水处理后要慎重处置，一般需要填埋封闭起来。

二、数字技术背景下的工艺创新

一些城市基础设施逐渐老化、极端天气持续增多、城市人口过度集中，水资源短缺问题突出，由此将引发一系列水安全问题。针对这些压力，发展数字化污水处理将有助于促进城市水务管理的转型，并为行业及消费者带来全新变革。

（一）不同业务领域的数字化发展

智慧水务包括水务信息采集、传输、存储、处理和服务，可以提升水务管理的效率和效能，实现更全面的感知、更主动的服务、更整合的资源、更科学的决策、更自动的控制和更及时的应对。水务业务可以划分为基础业务、条块业务以及支撑业务。

（二）数字水务的价值潜力

数字技术将帮助水务行业创造出多种价值，如降低运营成本、优化现有资产、提高员工参与度与生产效率等。除此之外，数字水务的应用还将对用户及环境带来深远影响，如水务公司运营和财务方面的数字化方案都将有助于提高用户体验，污水收集系统的实施数据传输、流域传感器网络的建立则将减少污染，以最大的力度保护环境。

（三）数字水务在污水处理中的应用

1. 地理信息系统（GIS）与建筑信息模型（BIM）技术的应用

地理信息系统（geographic information system，GIS）又称地学信息系统，是一种特定的十分重要的空间信息系统。它是在计算机硬、软件系统支持下，对整个或部分地球表层（包括大气层）空间中的有关地理分布数据进行采集、储存、管理、运算、分析、显示和描述的技术系统。

建筑信息模型（building information model，BIM）是建筑学、工程学以及土木工程的新工具。

通过5G+GIS技术，污水处理厂可以实现对基础数据资源的数字化、可视化管理，将地图元素和地下空间信息融入管理系统之中，采用三维模拟技术对地下管线进行详实的展示，切实解决污水处理流程管理中设备和管道隐蔽性强、重叠交叉的问题，充分体现出辅助决策的科学性和先进性。通过联合技术的应用，污水处理厂将工程阶段产生的数字化信息贯穿整个建设管理中，可以解决大量的信息沟通、协调问题，为设计、施工以及运营单位在内的各参建主体提供协同的工作基础。构建基于5G+GIS+BIM技术的工程建设全生命周期管理将是污水处理厂未来数字化发展的主要趋势之一。

GIS+BIM技术的应用场景如图4-7所示。

图 4-7　GIS+BIM 技术的应用场景

2. 虚拟现实与增强现实技术的应用

虚拟现实技术（AR）和增强现实技术（VR）在污水处理厂数字化应用中具有广阔的发展空间，可以通过提供建（构）筑物、设备、管道、线缆等设备的全息图像，为员工开展浸入式场景培训。此外，该技术还可以让员工在没有预先大量储备相关知识的情况下，通过可视化指导对设备运行状态进行问题识别甚至是检修。同时，该技术结合数据分析，可以实现预防性的设备维护。该技术再结合 GIS、传感器、数字孪生技术，可以更进一步地生成物理系统的运行副本，对污水处理厂的功能进行模拟，并进行直观监控，提高污水处理厂预测性维护和事故预防能力。

近年来，伴随科技进步和产业变革，智慧水务进入新一轮的高速发展期。5G 技术的突破无疑为数字技术的使用提供了更为广阔的发展空间。5G 技术通过与 GIS 系统、传感器系统、AR/VR 系统的结合，拓展智能化手段的应用广度和深度，不仅使运行单位及行业管理部门实时、全面感知污水处理系统中方方面面的信息，而且可以运用云平台搭载大数据分析训练引擎，从而有效提升水务决策能力及效率，为运行单位提供更为灵活有效的决策管控方案。

第五章

水资源战略
与污水处理企业战略管理

水资源格局决定着发展格局，遵循规律，以历史视野、全局眼光，谋划我国水资源战略布局，是扩大国内发展空间，促进全国均衡发展，构建新发展格局，全面实现中国式现代化的重要举措。

第一节　水资源战略布局概述

资源是保障社会经济长远发展和促进生态文明建设的重要条件。水资源管理必须从战略高度来确定工作方向，才能不断提高现代化水平，满足人民日益增长的需求。

一、水资源战略构想

结合我国水资源面临的问题，我国应全面提升水资源供给安全水平，包括国家水网升级、农业供水保障升级、饮水安全水平升级等内容。国家水网在时空调控能力方面还有很多瓶颈，需要打破。现代化生态特色农业需要更高的供水保障率。饮水质量和安全更是人民群众息息相关的问题。

我国在20世纪六七十年代修建的大量水利基础设施的安全运行及抗灾能力提升更是十分迫切的事情。因此，水资源基础建设方兴未艾，仍有发展空间，在提高水安全水平。要重点提防超标准的水旱风险，提高应对能力和水资源的战略储备。

（一）系统化思想指引

习近平总书记强调的系统治理是水资源管理的核心战略指引。系统，即山水林田湖草生命共同体，要作为一体化的系统来对待。该系统的重要纽带就是水。实现水的良性循环，有助于提升民众幸福感和生态系统的健康水平。同时，这个水的良性循环中的水资源、水环境、水生态、水空间等要素要综合考虑，不能单打一。例如，排污口治理必须考虑对用水安全的保护问题，排污口位置、污水量、允许的污染物质类型及浓度限值等都要依据用水需求来确定。

（二）产业化布局

节水不能局限在传统的防渗滴灌等战术层面做文章，而是要走产业化节水道路。这里的产业化节水包括三个内涵：一是从产业结构上，降低高耗水产业比例，为超载地区水资源减负；二是通过产业升级促进节水技术的普及，如土地流转和特色农业发展可以促进喷滴灌、膜下灌节水技术的应用等；三是把节水工作本身做成一个大的产业，如节水技术研发与应用、节水器具和产品生产与推广等。

（三）协同发力

习近平总书记提出的"两手发力"治水思路是水资源管理的重要遵循。水资源管理及污水工作要法律和行政措施一起发力，法律上要针对破坏水资源的行为实行更落地、更细化、更具体的法律公益诉讼，行政措施上要进一步提升河长湖长制的

"一龙管水"体制效能。政府和社会一起参与管理水资源，不能全都自上而下，也要自下而上，建立协商机制。中央应进一步下移水资源管理权限，提升市、县（区）的水治理现代化水平，中央侧重于战略层面的管控和区域协调。

总之，我国是世界第二大经济体，水资源在保障我国社会经济发展中发挥了巨大的基础保障作用。我国应该从战略高度上重视水资源管理，同时完善河长湖长制下的水治理体制。

二、水资源战略布局

我国是一个缺水型国家，区域结构性缺水问题更加严重，华北、西北一些地区由于缺水，严重制约着地方的经济发展和生态建设，压缩了我国的发展空间。淡水资源作为国家发展的重要自然资源，必须高度重视和珍惜。我国在做好节水和治水、提高现有水资源利用效率的同时，还要充分拓展可调水源，做好科学规划和调配，争取最多的增量用水。

（一）战略布局基本原则

在布局上，根据"高水高用、低水低用"和"就近调水"的基本原则，针对黄河流域特别是华北平原的缺水问题，除已经建设的东、中线调水工程和引汉济渭调水工程之外，国家还可以建设中线二期大流量调水工程，从长江三峡水库每年调取 300亿~500 亿立方米的汛期洪水来补充，并实现每年置换黄河下游用水 185 亿立方米用于黄河中上游，既解决了黄河中上游和华北平原的缺水问题，又减免了从长江源头支流调水的西线工程大量投资。

针对西北内陆河流域的缺水问题，国家可以从藏东南（雅砻江、怒江、澜沧江、金沙江）的河川径流中，每年调取水源来解决，并做到通过调水利用 2 000 多米落差发电、发展产业集群和城市群，改善整个西北地区的气候生态，实现"一水三用"的效果。

综上所述，除已建和在建调水工程之外，我国每年可以实现有效增量用水 1 300亿~1 600 亿立方米。加上气候生态改善增加的降雨，我国完全可以满足华北、西北地区的用水需求，从而打开国内发展空间，进一步构建国内大循环的新发展格局。

（二）战略布局的基本思路

水资源是影响国家安全的重要基础构成，随着我国治理能力现代化进程的推进，水资源管理的任务越来越重，难度越来越大，标准越来越高。在这个过程中，国家更要从战略层面提升体制机制的现代化水平。

1. 黄河的产水区

黄河的产水区主要在黄河的兰州段以上，用水区主要在兰州段以下，其中黄河下游的华北平原用水和入海生态流量占据整个黄河流域水量的一半以上。根据"高水高用、低水低用"的调水原则，黄河的水资源应该尽量用在黄河中上游。黄河下游华北平原的用水，不应当由原本水量欠缺的黄河水源来承担，应当充分利用长江三峡水库中的汛期洪水资源来供应。

2. 川西水电基地

川西水电基地已经开发多年，除金沙江上游外，金沙江中下游、雅砻江、大渡河的大部分水能资源都已经得到开发利用。为避免重大工程的重复开发建设，我国的调水工程应当尽量避免调取雅砻江、大渡河的高位水源，应最大限度地调取藏东南还未开发利用的水源，做到调水工程效益的最大化。

3. 结合气候特点实施

在研究调水工程之前，国家必须根据西北地区的气候、气象特征，对照从古至今的生态变化，研究透彻西北地区的生态影响因素和水汽运行规律。利用这些因素和规律，国家在通过调水发展生产和经济的同时，复原西北地区古代良好的气候和生态，达到用水量倍增的科学用水效果，从根本上彻底解决西北地区的缺水问题。

4. 充分利用好藏东南的高位水能

国家要把高效的水能利用贯穿调水工程的全过程。国家应把藏东南在原流域分散建造梯级水电站的水电开发工程，转变为统一的调水、发电工程，有效解决发电与调水之间的矛盾，避免水能利用系列重大工程的重复建设，实现调水、发电"同步走"的双赢局面。这也是降低调水成本、提高调水直接经济效益的重要保障。

5. 广泛吸收古今中外有关调水的经验

我国应梳理国内各种各样的调水设想和调水线路，剖析青藏高原的山川脉络，把脉隧道工程装备与技术进展，分析国内外调水的成功经验和失败教训，研究从国际河流跨流域调水的案例，从不同侧面和角度，从古到今，从气象气候到水土生态，从各个流域到不同区域，全面、系统审视调水方案，既要保证方案能落地，又要确保技术可行性和经济、生态合理性，并经得起历史的检验。

（三）水资源战略布局的重要性和紧迫性

1. 藏东南在各流域建造梯级水电开发的规划已经基本就绪

随着川西水电基地建设的逐步完工，"水电大军"正需要向西挺进。国家应出台水资源战略布局的总体规划，落实具体的调水方案和调水线路，实现调水、发电"同步走"的双赢局面。

2. 尽早、尽快规划好我国水资源战略布局，并组织实施

这是功在当代、利在千秋的大事，也有利于应对经济下行压力、拉动有效投资、稳定经济增长和增加就业。尽早、尽快规划好我国水资源战略布局，并组织实施，是创造缺水地区发展条件，激发缺水地区发展动力，推动缺水地区高质量、跨越式发展，缩小地区间发展差距，巩固脱贫攻坚成果，打开缺水地区发展空间、拓展缺水地区发展纵深，促进国内大循环，实现社会主义现代化建设的重要举措。

第二节　污水处理企业战略管理

一、企业战略管理的环境

（一）水资源总量分布分析

中国水资源总量约为2.8万亿立方米，总量并不丰富，人均占有量更低。中国水资源总量居世界第六位，人均占有量为2 240立方米，约为世界平均水平的1/4，在世界银行连续统计的153个国家中居第88位。中国水资源分布体现为地区分布不均，水土资源不相匹配。长江流域及其以南地区总面积约占全国的36.5%，其水资源量约占全国的81%；淮河流域及其以北地区的国土面积约占全国的63.5%，其水资源量约占全国水资源总量的19%。中国水资源总量分布还体现为年内年际分配不均，旱涝灾害频繁。大部分地区年内连续4个月降水量占全年的70%以上，连续丰水或连续枯水年较为常见。

（二）水资源开发利用中的供需矛盾

随着经济的发展和气候的变化，中国农业特别是北方地区农业干旱缺水状况加重，干旱缺水成为影响农业发展和粮食安全的主要制约因素。此外，城市缺水问题也越来越严重。农业灌溉用水浪费、工业用水浪费、城市生活用水浪费情况严重。

（三）政策倾斜力度加大

2021年6月6日，国家发改委、住房和城乡建设部商生态环境部研究编制了《"十四五"城镇污水处理及资源化利用发展规划》，旨在深入贯彻习近平生态文明思想，加强生态环境保护，积极推进城镇污水处理领域补短板、强弱项工作，全面提升污水收集处理及资源化利用能力水平。

该规划提出了"十四五"时期城镇污水处理及资源化利用的主要战略目标、重点建设任务、设施运行维护要求以及保障措施，以指导各地有序开展城镇污水处理及资源化利用工作。

2021年11月7日，《中共中央　国务院关于深入打好污染防治攻坚战的意见》发布，在加快推动绿色低碳发展，深入打好蓝天、碧水、净土保卫战，切实维护生态环境安全，提高生态环境治理现代化水平，加强组织实施等方面作出具体部署。

（四）市场化进程加快

未来，我国污水处理产业会随着市场化程度的提高、水价改革的深入、城市化进程的加快、国家对环境污染的重视而出现较快的发展，我国污水处理市场前景广阔。此外，国家鼓励利用再生水的政策也将为污水深度处理业务提供广阔的市场空间。这些为污水处理企业的战略格局构建与战略方向选择提供了政策性保证。

污水处理作为城市资源再利用过程中的重要组成部分，越来越多地得到人们的关注和重视，虽然污水处理在处理处置方面还存在处理效率低、技术方案陈旧老套和收费机制不合理等问题，但污水处理应当以"减量化、无害化、资源化"为处理处置原则最大限度地发挥再生水及污泥的价值，实现经济和环境的双赢。

二、企业战略管理概述

战略管理（strategic management）是指企业确定其使命，根据组织外部环境和内部条件设定企业的战略目标，为保证目标的正确落实和实现进度谋划，并依靠企业内部能力将这种谋划和决策付诸实施以及在实施过程中进行控制的一个动态管理过程。战略管理是一个不确定的过程，因为企业对危险和机遇的区别有不同的理解。

战略管理大师迈克尔·波特认为，一项有效的战略管理必须具备五个关键点：独特的价值取向、为客户精心设计的价值链、清晰的取舍、互动性、持久性。

（一）企业战略的概念

综观不同学者和企业家的不同见解，战略管理可以归纳为两种类型，即广义的战略管理和狭义的战略管理。

1. 广义的战略管理

广义的战略管理是指运用战略对整个企业进行管理，其代表人物是安索夫。

安索夫在其1976年出版的《从战略规划到战略管理》一书中提出了"企业战略管理"的概念。他认为，企业战略管理是指将企业的日常业务决策同长期计划决策相结合而形成的一系列经营管理业务。

例如，某污水处理企业本着"为绿色明天，点亮每一天"的企业使命，秉承"聚力环境，共创低碳时代"的价值观，致力于成为打造卓越的环境综合解决方案的提供商。

2. 狭义的战略管理

狭义的战略管理是指对战略管理的制定、实施、控制和修正进行的管理，其代表人物是斯坦纳。斯坦纳在其1982年出版的《企业政策与战略》一书中认为，企业战略管理是确定企业使命，根据企业外部环境和内部经营要素确定企业目标，保证目标的正确落实并使企业使命最终得以实现的一个动态过程。

例如，某污水处理企业以"绿色低碳、降本增效"为目标指引，持续探索降低处理能耗的可行性。其目标主要集中在光伏+水务应用、污泥脱水制药系统优化、除磷药剂投加系统升级、数创赋能等方面，实现污水处理绿色供能、污泥脱水节能降耗、除磷药剂精准调控、生产运营安全达标。为进一步降低污泥脱水药剂成本和粉尘环境安全隐患，该污水处理企业开展污泥脱水制药系统优化研究，已建立一套自动化、低碳化、集合化污泥脱水制药装置，与2021年相比，药剂使用量减少了12.81%，同时降低了粉尘环境带来的安全风险隐患，提高了安全生产水平。

目前，居主流地位的是狭义的战略管理。在狭义的战略管理观下，战略管理包括以下内涵：战略管理是决定企业长期问题的一系列重大管理决策和行动，包括企业战略的制定、实施、评价和控制；战略管理是企业制定长期战略和贯彻这种战略的活动；战略管理是企业处理自身与环境关系过程中实现其愿景的管理过程。

（二）企业战略管理的构成因素

一般说来，战略管理包含四个关键因素：

1. 战略分析

战略分析需要了解组织所处的环境和相对竞争地位。战略分析的主要目的是评价影响企业目前和今后发展的关键因素，并确定在战略选择步骤中的具体影响因素。

战略分析包括以下三个主要方面：

其一，确定企业的使命和目标。它们是企业战略制定和评估的依据。

其二，外部环境分析。战略分析要了解企业所处的环境（包括宏观、微观环境）正在发生哪些变化，这些变化将给企业带来更多的机会还是更多的威胁。

其三，内部条件分析。战略分析需要了解企业自身所处的相对地位，具有哪些资源和战略能力。战略分析还需要了解与企业有关的利益和相关者的利益期望，即在企业战略制定、评价和实施过程中，这些利益相关者会有哪些反应，而这些反应又会对组织行为产生怎样的影响和制约。

2. 战略选择

战略分析阶段明确了"企业目前状况"，如污水处理行业发展现状，战略选择阶段所要回答的问题是"企业走向何处"。战略选择可以根据以下步骤实施：

第一步，制订战略方案。企业在制定战略的过程中，当然是可供选择的方案越多越好。企业可以从对企业整体目标的保障、对中下层管理人员积极性的发挥以及企业各部门战略方案的协调等多个角度考虑，选择自上而下的方法、自下而上的方法或上下结合的方法来制订战略方案。

第二步，评估战略备选方案。评估战略备选方案通常使用两个标准：一是考虑选择的战略是否发挥了企业的优势，克服了企业的劣势，是否利用了机会，将威胁降低到最低程度；二是考虑选择的战略能否被企业的利益相关者接受。需要指出的是，实际上并不存在最佳的选择标准，管理层和利益相关者的价值观与期望在很大程度上影响着战略的选择。此外，对战略的评估最终还要落实到战略收益、风险和可行性分析的财务指标上。

第三步，选择战略，即最终的战略决策，确定准备实施的战略。如果由于用多个指标对多个战略备选方案的评价产生不一致时，最终的战略选择可以考虑以下几种方法：

（1）根据企业目标选择战略。企业目标是企业使命的具体体现，因此企业应选择对实现企业目标最有利的战略方案。

（2）聘请外部机构。企业可以聘请外部咨询专家进行战略选择，利用专家广博的学识和丰富的经验，获取较客观的看法。

（3）提交上级管理部门审批。中下层机构的战略方案，提交上级管理部门能够使最终选择的方案更符合企业整体战略目标。

3. 战略实施

战略实施就是将战略转化为行动，主要涉及以下问题：如何在企业内部各部门和各层次间分配及使用现有的资源；为了实现企业目标，需要获得哪些外部资源以及如何使用；为了实现既定的战略目标，需要对组织结构做哪些调整；如何处理可能出现的利益再分配与企业文化的适应问题，如何进行企业文化管理，以保证企业战略的成功实施，等等。

4. 战略评价和调整

战略评价就是通过评价企业的经营业绩，审视战略的科学性和有效性。

战略调整就是根据企业的发展变化，即参照实际的经营事实、变化的经营环境、新的思维和新的机会，及时对所制定的战略进行调整，以保证战略对企业经营管理进行指导的有效性。战略调整包括调整公司的战略展望、公司的长期发展方向、公司的目标体系、公司的战略以及公司战略的执行等内容。例如，当水资源再利用行业政策变化时，相关企业也要对自身战略作相应调整。

企业战略管理的实践表明，战略制定固然重要，战略实施同样重要。一个良好的战略仅是战略成功的前提，有效的企业战略实施才是企业战略目标顺利实现的保证。如果企业没有能制定出合适的战略，但是在战略实施中，能够克服原有战略的不足之处，那也有可能最终取得战略成功。当然，如果企业做出了不完善的战略选择，在实施中又不能将其扭转到正确的轨道上，那就只有失败的结果。

（三）企业战略管理的特征

研究战略管理的特征必须从战略管理的定义开始。战略管理是着重制定、实施和评估管理决策与行动的具有综合功能的艺术和科学。这样的管理决策和行动可以保证在一个相对稳定的时间内实现一个组织制定的目标。战略管理集中研究综合和系统管理、市场营销、融资和财务、生产和操作、开发和研究、计算机信息系统等方面的问题，以保证组织目标的实现和成功。战略管理具有以下特征：

1. 系统性

从内容来看，战略管理包括三大阶段，即战略设计、战略实施和战略评估。战略设计是指提出一个组织业务的主体任务，确认一个组织的外界机会和威胁，确定组织内部的强项和弱势，建立一个长远目标，形成可供选择的几种战略和选择可操作的战略方针。战略设计的问题包括决定一个组织什么样的业务要拓展、什么样的业务应放弃，如何有效地利用现有的资源，是否扩大业务规模或开展多种经营，是否进入国际市场，是否要兼并其他企业或举办合资企业，如何避免被竞争对手吞并等。

战略实施是战略管理的第二个阶段，通常称为战略管理的行动阶段。战略实施要求一个组织建立一个年度目标，制定相应的政策，激励成员和有效调配资源，以保证建立的战略能够实施。战略实施包括制定出战略支撑文化、创造一个有效的组织、调整市场、准备预算、开发和利用信息支持系统并调动每一位成员参与战略实施的积极性。

战略评估是战略管理的最后一个阶段。战略评估包括回顾和评价外部因素、内部因素，作为战略方针选择的基础；判断战略实施的成绩，争取以正确的行动解决战略实施过程中出现的未曾预料的各种问题。战略评估的重要性从根本上讲在于：今天的成功并不代表明天会继续成功，成功的背后同样会存在各种各样的问题，经验表明，自我满足的组织必然会走向灭亡。

战略管理的三个阶段相辅相成、融为一体，战略设计是战略实施的基础，战略实施又是战略评估的依据，而战略评估反过来又为战略设计和战略实施提供经验和教训。三个阶段的系统设计和衔接，可以保证组织取得整体效益和最佳结果。

2. 科学性

从战略设计阶段来讲，每一个组织的资源有限，要确定何种战略决策将更适合某一组织，并达到最佳效益，就要从科学准确的角度，提出该组织的专门产品的市场占有率、研发技术的可能性和可行性以及确定长期的竞争优势。经验表明，较高的决策成功率建立在科学的基础上，成功或失败的决策关系到一个组织的兴衰。

从战略评估的阶段讲，如何科学、客观地判断战略实施过程的成绩和不足，对一个组织今后发展目标的确定关系重大。随着"信息高速公路"的不断发展，战略管理的决策更加依赖信息来源的准确性。分析过程的科学和准确，对战略实施关系重大，如果组织设计的目标没有建立在较科学的基础上，这样的目标注定是不能够实现的。

3. 艺术性

管理专家认为，战略实施是战略管理过程中最困难的阶段，战略实施要求组织成员有严明的纪律、有承担义务的牺牲精神。成功的战略实施与组织经营管理者调动成员积极性的能力密切相关，这种能力关键在于经营管理者的艺术性，而不在于其科学性，即艺术作用大于科学作用。

4. 相对稳定性

战略本身的含义是超前一段时间指出目标，在时间上有一定超前性。在管理实践中，战略需要有一个稳定性，不能朝令夕改，否则会使事业的发展、企业的经营和国家的管理发生混乱，从而给组织带来不必要的损失。客观上讲，这种稳定应是相对的，因为战略管理过程是建立在组织能够连续监控内部和外部动态的基础上。战略调整主要应加强对社会环境问题变化的研究。从生存的角度看，所有的组织必须有能力快速地适应和确定各方面的变化。

（四）企业战略管理的任务

企业战略管理的核心任务就是说明企业存在的理由，即在保持战略的动态性、灵活性和整体性的前提下，确定企业下一步"拟做"什么。把"拟做"作为战略管理的核心任务，实际上是对企业内外部环境中的可做、该做、能做、想做、敢做的一种综合权衡选择的结果。这里的可做代表着企业外部环境中存在的机会，该做表示了外部环境给企业带来的约束，能做实际上就是企业自身的实力评估，想做更多地表现了企业的偏好，敢做则意味着企业的魄力。

1. 清晰的行动路线

值得注意的是，在界定什么是可做、该做、能做、想做、敢做时，企业常常陷入什么不可做、不该做、不能做、不想做、不敢做的困惑。只有真正清楚了这些问题，企业才有可能更加明确战略上的别无选择和相机而动。

2. 系统考虑问题

战略管理的任务并不是独立存在的，其贯穿战略管理的整个过程之中。战略在形成过程中必须要考虑企业的使命和愿景、外部环境、自身的独特能力、个人的价值以及社会期望等若干因素。环境因素考虑的结果便是"可做"，社会期望代表了"该做"，自身的独特能力就是分析企业"能做"，个人价值的实现表明了"想做"，企业的使命和愿景在某种程度上体现了企业的"敢做"。由此可见，战略管理的任务是在战略管理的过程中形成的，贯穿战略管理过程的始终。

3. 战略思考与战略行动

既然战略管理的任务贯穿战略管理的整个过程，那么企业在实际经营中就会遇到这样一个难题：是先有战略指导还是先有实际探索，抑或是两者之间进行不断适应和调试，最终形成战略。关于这个问题并没有统一的答案，每个企业都要根据所处的环境和自身条件的限制来加以具体分析。有些企业是先有目标再做大，即"先立志、再创业"发展型；有些企业是在做大的过程中逐步明确目标，即"先创业、再立志"发展型；有些企业的目标呈动态变化，属于"干中学、学中干"发展型。在稳定的环境之中，企业战略可能更多是从解决问题的角度出发来寻求进步；在动态的环境之中，企业战略可能更多体现抓住机会以求发展。这说明企业除了需要确定"拟做"战略之外，还要不断通过自身的主观努力，整合内外环境中的各个要素，从而扩大"拟做"战略的选择范围。

4. 收集决策信息

为了准确地做出战略选择，至关重要的便是充分掌握战略决策的相关信息。相关信息的搜集固然重要，但在如今海量信息充斥的时代，如何利用现有的信息并从中挖掘出更有价值的信息，从而做出更加合适的战略才为重要。

一个懂得顺天时、用地利、创人和的战略决策者才会使企业做强、做大、做久。从众多的环境信息中找到对自身有利的发展时机便是"顺天时"，从企业的产品、市场信息中挖掘出对自身合适的关键定位点便是"用地利"，从企业的员工思想、实地考察等活动获得的信息中发展出能够使整个团队更有效率的工作便是"创人和"。把顺天时、用地利、创人和完美地整合在一起的企业就会无坚不摧。

（五）企业实施战略管理的意义

实施战略管理有利于企业建立长远的发展方向和奋斗目标，有利于明确企业在市场竞争中的地位，有利于提高企业的获利能力和经济效益。企业实施战略管理的意义主要如下：

1. 有利于企业全面推行现代化管理

企业实施战略管理有利于指明企业的未来业务和企业前进的目的地，从而为企业提出一个长期的发展方向，清晰地描绘企业将竭尽全力所要实现的目标，使整个组织对一切行动有一种目标感，进而有利于企业全面推行现代化管理。

2. 有利于企业建立目标体系

建立目标体系，即将企业的战略展望转换成为企业要达成的具体业绩标准。企业设定战略目标的目的是将企业的战略愿景和使命转换成为明确具体的业绩目标，从而使得企业的发展有一个可以对照或测度的标准。

3. 有利于企业制定战略且达到期望的效果

形成企业的战略需要企业管理层对以下关键的业务问题进行回答：是开展单一业务还是多元化的业务？是满足广泛范围内的需求还是聚焦于某一特定的细分市场？产品线的广度与深度如何选择？是将企业的竞争优势建立在低成本之上，还是建立于差异化基础之上？如何对新市场和竞争环境的变化做出反应？战略的形成实际上反映了企业管理层做出的各种选择，表明企业将要主要致力于哪些特定的产品、市场和竞争策略等。

4. 有利于企业高效实施和执行选择的企业战略

实施和执行一个既定的企业战略涉及的管理任务是要使战略运作起来，并且按照一定的日程达到既定的业绩目标。

5. 有利于企业评价业绩和调整战略

企业实施战略管理有利于评价企业的经营业绩，采取完整性措施，参照实际的经营事实、变化的经营环境、新的思维和新的机会，调整企业的战略展望、企业的长期发展方向、企业的目标体系、企业的战略及其执行。

三、企业战略管理的层次

在企业业务多元化的情况下，企业战略可以分为四个层次：公司战略（corporate strategy）、竞争战略（competitive strategy）、职能战略（functional strategy）和生产与运作战略（operations strategy）。

三个层次的战略都是企业战略管理的重要组成部分，但侧重点和影响的范围有所不同。

（一）公司战略

公司战略又称总体战略，是企业最高层次的战略。它需要根据企业的目标，选择企业可以竞争的经营领域，合理配置企业经营必需的资源，使各项经营业务相互支持、相互协调。

公司战略的关注范围是由多个战略业务单位组成的、从事多元化经营的企业整体。它的侧重点包括以下三个方面的内容：

1. 强调创造价值

创造价值是公司战略的最终目的。公司战略通过设定组织的战略目标和活动范围，增加公司各个不同部门的价值，发挥公司的协同效应，最终实现企业整体的价值大于各独立组成部分的价值的简单总和的目标。

2. 关注市场范围

市场范围包括企业的产品界限和垂直界限。根据对企业的外部环境和内部资源与能力分析的结果，公司战略要选择企业从事的经营范围和领域，即回答企业要用什么样的产品和服务满足哪一类顾客的需求？确定了经营范围后，公司战略就要决定如何给不同的战略业务单位分配资源，以满足其在各自市场上竞争的需要。

3. 注重业务目标导向

公司战略强调企业如何管理发生于企业层级制度中的活动与业务。在确定了所从事的业务后，公司战略还应考虑该怎样去发展业务，因为只有企业中的各项业务和活动相互支持、彼此协调，企业的总体战略目标才有可能实现。

综上所述，公司战略可以概括为企业通过配置、构造和协调其在多个市场上的活动来创造价值的方式。对于不同的企业来说，公司战略的重要性也不同。如果企业经营者的扩张意图强烈，公司战略就应成为战略规划的重点。反之，对于成立已久且无新的扩张计划的企业来说，其就应把战略重点放在竞争战略上。近年来比较热门的多元化、战略联盟、收购和兼并等战略都是属于公司战略层次的战略决策。

（二）竞争战略

企业的二级战略常常被称为竞争战略或业务战略，它是在公司战略的指导下，就如何在某个特定的市场上成功开展竞争制订的战略计划。竞争战略涉及各业务单位的主管及辅助人员，它是由分管各战略业务单位的管理者制定的。这些经理人员的主要任务是将公司战略所包括的企业目标、发展方向和措施具体化，形成本业务单位具体的竞争与经营战略，如推出新产品或服务、建立研究与开发设施等。

（三）职能战略

职能战略是属于企业运营层面的战略，是为了贯彻和实施公司战略和竞争战略而在企业各职能部门制定的战略。职能战略主要涉及企业内各职能部门，如营销、财务和生产等部门，如何更好地为各级战略服务，从而提高组织效率。职能战略的侧重点在于发挥各部门的优势，提高组织的工作效率和资源的利用效率，以支持公司战略和竞争战略的目标的实现。如果说公司战略和竞争战略是强调"做正确的事"，那么职能战略则强调"正确地做事"。

职能战略实施的效果会在很大程度上影响企业战略目标的实现，相较于公司战略和竞争战略，职能战略具有更详细、更具体和可操作性强的特点，如确定生产规模和生产能力、设定质量目标等可以量化的指标。

（四）生产与运作战略

生产与运作战略是在企业总体战略框架下，按照所选定的目标市场和确定的竞争战略，对企业经营领域的生产系统的建立和运行制定的全局性的规划。生产与运作战略根据企业各种资源要素和内部环境、外部环境的分析，构建和运行一个能使企业获得竞争优势、适应市场需求并不断发展的生产与运作系统，保证企业总体战略目标的实现。

1. 生产与运作战略的提出背景

20世纪70年代以来，欧美企业在与日本企业的竞争中发现，日本企业强大的竞争力主要来自产品的高质量、低成本以及优质的售后服务，这使欧美企业认识到生产与运作战略的重要作用，从而使欧美企业管理层开始改变过去只重视营销的管理理念。正是在这样的背景下，美国哈佛大学的斯金纳教授提出了"生产战略"的概念，认为生产部门不再仅仅是执行部门，而是企业总体战略的重要组成部分，在企业几大职能部门中日益成为企业竞争战略的重点和支撑点。

2. 生产与运作战略的特征

（1）贡献性。生产与运作战略要时刻服务于企业总体战略。

（2）协调性。生产与运作战略除了要与企业总体战略保持一致外，还要同其他职能战略相互协调。

（3）操作性。生产与运作战略与企业总体战略相比，作为职能战略，既有战略性的规划设想，又着重于可操作性，按照其战略构成要素进行目标分解和多层次的决策与实施。

3. 生产与运作战略在企业战略中的地位

生产与运作战略是属于企业总体战略下的职能级战略，在企业战略中占有的重要地位表现如下：

（1）从生产与企业整体发展方面看，生产与运作战略是企业取得战略成功的关键因素。生产与运作战略对实现企业总体战略目标及实现经营领域战略竞争优势起着保障和持续发展作用，因为这些竞争优势来自生产与运作系统。生产与运作战略对市场竞争战略起着支撑作用，因为市场是靠生产系统的产品和服务来保证的，这就是通常所说的经营是企业的重点，生产是企业的基础。

（2）从生产与其他职能部门的关系来看，生产与运作战略对其他职能战略起着中心协调作用。现代生产与运作管理的重要作用，不仅在于提出解决生产问题的对策，还在于通过市场营销、技术改造等方面具有敏捷的反应，不断改进产品和服务，提高市场竞争力，建立最佳的生产经营系统。同时，生产部门还要与财务部门、人事部门协调，共同努力解决如何有效地运作资产，加强成本控制，提高人员素质，以保持企业良好的持续发展状态。

4. 强调生产与运作战略的必要性

对于我国企业而言，特别是许多正处于战略转型时期的企业不应该把希望全部寄托于企业的总体战略上，而应在成功的资产运作的基础上，以生产与运作系统所具备的竞争实力来实现企业运行质量的提升。国内外企业的实践说明：生产与运作战略始终是企业竞争力最根本的源泉。

5. 生产与运作战略的构成

生产与运作战略一般由以下几个部分组成：

（1）竞争力优先项目的决策，主要包括价格、质量、交货期、服务柔性等。

（2）竞争的绩效项目，主要是通过竞争对手的标杆瞄准，超越企业竞争目标。

（3）行动方案，即运用各种管理技术和方法，进行资源的合理配置和战略整合。

公司战略、竞争战略、职能战略、生产与运作战略共同构成了企业完整的战略体系，只有不同层次的战略彼此联系、相互配合，企业的经营目标才能实现。值得注意的是，上述不同层次的战略中，只有公司战略和竞争战略才真正属于战略范畴，而职能战略、生产与运作战略是根据上一层次的战略制定的短期的、执行性强的方案或步骤，因此属于战术范畴。

五、企业战略管理的基本过程

战略管理的基本过程可以分成战略制定、战略实施、战略控制和战略评价四个阶段。其中战略制定包括战略分析和战略选择。由于环境变化的不可预测，现实中不存在最完美的战略，战略都是在边实施边调整的过程中制定出来的。企业战略管理的基本过程的四个阶段实际上是循环反复、不断完善的动态活动。

（一）战略制定

战略制定包括两个方面：战略分析和战略选择。

1. 战略分析

战略分析包括企业使命或愿景、外部环境分析、内部资源与能力分析。

（1）企业使命或愿景。使命或愿景阐述了企业在中长期希望实现的目标，是企业区别于其他类型的组织而存在的原因或目的。使命或愿景的确定是战略管理过程的起点，也是战略制定的基础。

（2）外部环境分析。外部环境分析的目的是在企业外部环境中发现可能会影响企业使命或愿景实现的战略机会和威胁，包括对宏观环境、行业与竞争环境的分析。宏观环境是指那些在广阔的社会环境中影响到一个产业或企业的各种因素，如经济、社会、法律等因素。行业和竞争环境是指企业所处的行业的竞争结构，包括企业的竞争地位和主要竞争对手。外部环境分析可以帮助企业解答一系列问题，如环境正在发生哪些变化、在这些变化中企业的资源优势是什么、这些变化会怎样影响企业目前的地位等。尽管外部环境中的变量很多，对企业的影响较为复杂，而且其中的很多因素是企业无法掌控的，但外部环境分析可以帮助企业发现某些机会或威胁。

（3）内部资源与能力分析。对内部资源与能力的分析是为了帮助企业确定在行业中的地位，找到优势和劣势，以便在制定战略时能扬长避短。内部资源与能力分析包括确定企业资源与能力的数量和质量，利用企业的独特技能和资源，建立或保持竞争优势。与外部环境分析相比，对内部资源与能力的分析更有利于促进企业内部的沟通和了解，使管理者和员工能更好地工作。

2. 战略选择

战略选择包括三个阶段：制订备选方案、评估备选方案和选择方案。

（1）制订备选方案。在对企业使命或愿景、外部环境、内部资源与能力分析的基础上，企业要制订多种备选方案。参与备选方案制订的人员需要充分掌握企业内外部的情况，在一次或若干次会议中进行讨论和制订备选方案。在这一过程中，企业领导者应鼓励方案制订者尽可能地发挥创造性。

（2）评估备选方案和选择方案。企业拥有的资源是有限的，在可供选择的方案中，企业战略制定者应了解每一种方案的长处和不足，然后根据参与制定者的综合判断来对这些方案进行排序。评价方案的两个标准如下：一是选择的战略是否充分利用了环境中的机会，规避了环境中的威胁；二是选择的战略是否能使企业在竞争中获得优势地位。

（二）战略实施

战略实施就是将战略转化为实际行动并取得成果的过程。在这一过程中，企业通过分解战略目标设立年度目标、配置资源、建立有效的组织结构。战略实施主要应考虑以下三个关键问题：

1. 公司治理结构

公司治理结构主要是解决所有权和经营权分离条件下的委托代理问题。建立有效的公司治理结构能降低代理成本和代理风险，防止经营者对所有者的利益背离，从而达到保护所有者的目的。

2. 组织结构

在实施新战略时，企业一般要设计和调整组织结构，使组织结构与战略相互适应和匹配。

3. 资源配置

企业的资源是有限的，如何在不同层次和部门之间分配资源是战略实施的一个关键问题。

成功的战略实施离不开企业最高领导层的支持和理解。由于战略实施的主体是人，因此对人的管理就格外重要，协调不同部门和人员的活动需要领导者具备良好的激励和领导才能。在弗雷德·戴维看来，"战略实施的成功与否取决于管理者激励雇员能力的大小"。企业的管理者除了需要在物质方面激励员工外，还需要建立一种与战略相匹配的组织文化，在组织内部形成一种良好的工作氛围。

（三）战略控制

战略控制主要是指在企业经营战略的实施过程中，检查企业为达到目标所进行的各项活动的进展情况，评价实施企业战略后的企业绩效，将其与既定的战略目标和绩效标准相比较，发现战略差距，分析产生偏差的原因，并纠正偏差，使企业战略的实施更好地与企业当前所处的内外环境、企业目标协调一致，使企业战略得以实现。

1. 战略控制的内容

对企业经营战略的实施进行控制的主要内容如下：

（1）设定绩效标准。战略控制应根据企业战略目标，结合企业内部人力、物力、财力以及信息等具体条件，确定企业绩效标准，作为战略控制的参照系。

（2）绩效监控与偏差评估。战略控制应通过一定的测量方式、手段、方法，监测企业的实际绩效，并将企业的实际绩效与标准绩效加以对比，进行偏差分析与评估。

（3）能动地适应变化。战略控制应设计并采取纠正偏差的措施，以顺应变化的条件，保证企业战略的圆满实施。

（4）监控外部环境的关键因素。外部环境的关键因素是企业战略赖以存在的基础，这些外部环境的关键因素的变化意味着战略前提条件的变动，必须充分注意。

（5）采取合适的激励措施。战略控制应激励战略控制的执行主体，以调动其自控制与自评价的积极性，从而保证企业战略实施的切实有效。

2. 战略控制的方式

企业的战略控制按照不同的标准可以分为不同的类型。

（1）按控制时间分类。

①事前控制。在战略实施之前，企业要设计好正确有效的战略计划。该计划要得到企业高层领导的批准后才能执行，其中有关重大的经营活动必须通过企业高层领导的批准同意才能开始实施。所批准的内容往往也就成为考核经营活动绩效的控制标准。这种控制多用于重大问题的控制，如任命重要的人员、签订重大的合同、购置重大的设备等。

事前控制要在战略行动成果尚未实现之前，通过预测发现战略行动的结果可能会偏离既定的标准。因此，管理者必须对预测因素进行分析与研究。事前控制一般有以下三种类型的预测因素：

第一，投入因素，即战略实施投入因素的种类、数量和质量。投入因素将影响产出的结果。

第二，早期成果因素，即依据早期的成果，预见未来的结果。

第三，外部环境和内部条件的变化。

②事后控制。这种控制方式发生在企业的经营活动之后，把战略活动的结果与控制标准相比较。这种控制方式工作的重点是要明确战略控制的程序和标准，把日常的控制工作交由职能部门的人员去做，即在战略计划部分实施之后，将实施结果与原计划标准相比较，由企业职能部门及各事业部定期将战略实施结果向高层领导汇报，由高层领导决定是否有必要采取纠正措施。

事后控制的具体操作主要有联系行为和目标导向等形式。

第一，联系行为，即对员工的战略行为的评价与控制直接同他们的工作行为联系。员工比较容易接受，并能明确战略行动的努力方向，使个人的行动导向和企业的经营战略导向接轨。企业通过行动评价的反馈信息修正战略实施行动，使之更加符合战略的要求。企业通过行动评价，实行合理的分配，从而增强员工的战略意识。

第二，目标导向，即让员工参与战略行动目标的制定和工作业绩的评价，使员工既可以看到个人行为对实现战略目标的作用和意义，又可以从工作业绩的评价中看到成绩与不足，从中得到肯定与鼓励，为战略推进增添动力。

③随时控制。随时控制又称过程控制，即企业高层领导者要控制企业战略实施中的关键性过程或全过程，随时采取控制措施，纠正实施中产生的偏差，引导企业沿着战略的方向进行经营。这种控制方式主要是对关键性的战略措施进行随时控制。

应当指出，以上三种控制方式所起的作用不同，因此在企业经营当中它们是被随时采用的。

（2）按控制的切入点分类。

①财务控制。这种控制方式覆盖面广，是用途极广的、非常重要的控制方式，包括预算控制和比率控制。

②生产控制。生产控制，即对企业产品品种、数量、质量、成本、交货期以及服务等方面的控制。生产控制可以分为产前控制、过程控制以及产后控制等。

③销售规模控制。销售规模太小会影响经济效益，销售规模太大会占用较多的资金，也会影响经济效益，因此企业要对销售规模进行控制。

④质量控制。质量控制包括对企业工作质量和产品质量的控制。工作质量不仅包括生产工作的质量，还包括领导工作、设计工作、信息工作等一系列非生产工作的质量。因此，质量控制的范围包括生产过程和非生产过程的其他一切控制过程。质量控制是动态的，着眼于事前和未来的质量控制，其难点在于全员质量意识的形成。

⑤成本控制。企业通过成本控制可以使各项费用降到最低水平，达到提高经济效益的目的。成本控制不仅包括对生产、销售、设计、储备等有形费用的控制，而且还包括对会议、领导、时间等无形费用的控制。成本控制要建立各种费用的开支范围、开支标准并严格执行，要事先开展成本预算等工作。成本控制的难点在于企业中大多数部门和单位是非独立核算的，因此缺乏成本意识。

（四）战略评价

企业内外部环境等因素处在不断变化之中，在大多数情况下，企业会发现战略的实施结果与预期的战略目标不一致。战略评价就是将反馈回来的实际成效与预期的战略目标进行比较，如果有明显的偏差，企业就要采取有效的措施进行纠正，以保证战略目标的最终实现。如果这种偏差是因为原来判断失误或环境发生了意想不到的变化而引起的话，企业就要重新审视环境，制订新的战略方案。倘若没有及时发现这种变化或没有及时采取措施进行战略调整与变革，企业就有可能因错失良机而遭受巨大的损失。

第六章

污水处理创新运作
与政府管理制度

污水处理是指为使污水达到排入某一水体或再次使用的水质要求而对其进行净化的过程。污水处理工程被广泛应用于建筑、农业、交通、能源、石化、环保、城市景观、医疗、餐饮等各个领域，也越来越多地走进寻常百姓的日常生活，其业务活动的经济性特征决定其可以采取市场化运作模式。

第一节　行业管理创新的背景

污水处理行业的政策导向明显，受国家产业政策和环保投资规模的影响巨大。绿水青山就是金山银山，生态文明建设对满足人民日益增长的美好生活需要息息相关。为贯彻落实《中共中央 国务院关于深入打好污染防治攻坚战的意见》，住房和城乡建设部、生态环境部、国家发改委、水利部联合印发《深入打好城市黑臭水体治理攻坚战实施方案》，要求持续推进城市黑臭水体治理，加快改善城市水环境质量。

一、污水处理行业的政策背景

（一）激励约束机制和收费标准动态调整机制

2020 年 3 月，生态环境部发布《排污许可证申请与核发技术规范水处理通用工序》，加快推进固定污染源排污许可全覆盖，健全技术规范体系，指导排污单位水处理设施许可证申请与核发工作。2020 年 4 月，国家发改委、财政部、住房和城乡建设部、生态环境部、水利部等部门发布《关于完善长江经济带污水处理收费机制有关政策的指导意见》，要求完善长江经济带污水处理成本分担机制、激励约束机制和收费标准动态调整机制。

（二）加强基础设施建设

城镇污水处理及再生利用设施建设是城镇发展不可或缺的基础设施，也是经济发展、居民安全健康生活的重要保障和基础。2020 年 7 月，国家发改委、住房和城乡建设部印发《城镇生活污水处理设施补短板强弱项实施方案》，提出 2023 年城镇生活污水处理设建设目标。同时，国家关注城镇（园区）污水处理，出台了《关于进一步规范城镇（园区）污水处理环境管理的通知》。此外，生态环境部取消了污水处理厂污泥含水率的强制要求。

（三）营造绿色消费的政策环境

2022 年，国家发改委、工信部、商务部等部门共同发布的《促进绿色消费实施方案》提出，到 2025 年，绿色消费理念深入人心，奢侈浪费得到有效遏制，绿色低碳产品市场占有率大幅提升；到 2030 年，绿色消费方式成为公众自觉选择，绿色低碳产品成为市场主流。

（四）明确绿色低碳发展方向

对于行业、企业而言，抓住低碳消费的转型机遇，丰富绿色产品和服务供给，创新低碳消费场景，深挖低碳消费市场潜力，将为自身发展带来广阔前景。一方面，推动绿色产品生产和消费的政策力度不断加强，绿色低碳已成为产业发展新方向；另一方面，居民低碳消费理念逐步普及，尤其是年轻一代消费者更加关注自身消费带来的生态和社会影响，低碳消费需求持续增加。

二、污水处理行业的发展瓶颈

目前，我国污水处理行业仍处于成长阶段，市场集中度偏低，具有明显的地域垄断性，较易受资本推动和行政因素影响。随着我国污水处理能力持续增强和处理量持续增长，国内污水处理行业市场规模呈现出稳步增长趋势。相关数据表明，我国污水处理行业市场总规模超过 1 400 亿元。伴随着污水处理标准不断提高，粗放式污水处理方案已经难以适应新环保政策下的零排放需求。

在低碳经济、生态保护背景下，丰富绿色产品服务供给、创新低碳消费场景、深挖低碳消费市场潜力，不仅有助于提高产业和经济的绿色低碳竞争力，也将为创新绿色产品和商业模式、培育新的经济增长点提供有效方式。

（一）行业市场化竞争机制有待完善

水污染治理行业的竞争主要体现在资金、技术与服务上，资金雄厚、技术领先、服务专业的企业具有显著的竞争优势，易获得客户的认可。但是，部分地区存在地方保护主义，行业市场化程度有待加强，企业之间的良性竞争机制还未完全形成，制约了行业的快速发展。

（二）水污染治理的观念有待深化

由于经济发展不均衡，东部地区和西部地区、城市和农村在水污染治理领域的水平差异较大。经济发展相对落后的一些地区存在环境保护让位于经济发展的守旧意识，对水污染治理的认识停留于较低水平，影响先进技术的应用。

三、污水处理行业的趋势分析

2021 年 1 月，国家发改委、科技部等 10 部门联合发布了《关于推进污水资源化利用的指导意见》（以下简称《意见》）。《意见》明确发展目标：到 2025 年，全国污水收集效能显著提升，县城及城市污水处理能力基本满足当地经济社会发展需要，水环境敏感地区污水处理基本实现提标升级。

（一）市场空间加大

《意见》要求："全国地级及以上缺水城市再生水利用率达到 25% 以上，京津冀地区达到 35% 以上；工业用水重复利用、畜禽粪污和渔业养殖尾水资源化利用水平显著提升；污水资源化利用政策体系和市场机制基本建立。到 2035 年，形成系统、安全、环保、经济的污水资源化利用格局。"根据住房和城乡建设部统计数据，2017—2019 年，我国城市市政污水再生利用率分别为 14.49%、16.40%、20.93%，呈现了一个稳步提升态势，但距离 2025 年 25% 以上的目标还存在一定差距。目前，污水资源化利用还有很大提升空间，随着污水资源化利用加速推进，未来水处理产业空间有望逐步被释放。

（二）智慧水务市场潜力亟待释放

智慧水务将海量水务信息进行及时分析与处理，并做出相应的处理结果辅助决策，以更加精细和动态的方式管理水务系统的整个生产、管理和服务流程，从而达到"智慧"的状态。随着物联网、大数据、云计算以及第五代移动通信技术等新技术不断融入传统行业的各个环节，新兴技术和智能工业的不断融合，智慧水务行业发展具有光明的前景。

（三）农村污水处理市场成"蓝海"

由于农村经济条件限制及居民环境保护意识的缺乏，一些村庄缺乏完善的污水收集系统，直排现象普遍。同时，农村污水垃圾治理相对缓慢，与城市、县城相比，农村污水垃圾等环境基础设施建设严重滞后。

因此，城镇污水处理市场已趋于饱和，而村镇污水处理市场呈现一片"蓝海"。经测算，农村水环境治理长期市场有高达上万亿元的体量。

第二节　优秀企业的成功实践

一、淇滨污水处理有限责任公司的成功实践

淇滨污水处理有限责任公司秉承"服务社会，创新发展"的经营宗旨，不断加大科技创新投入，打造核心竞争力，利用多项新技术，为区域经济与社会发展贡献污水处理企业智慧和责任。

高质量发展是污水处理行业的未来方向，我国污水处理行业也必将由模仿创新之路，走上基于我国水资源禀赋特征的适应性创新之道。淇滨污水处理有限责任公司大力推进技术创新研发与成果转化，充分利用技术创新成果在存量和增量项目上的规模化应用，为客户提供满足需求的优质解决方案，推动区域经济社会高质量发展，更好地满足了人民群众对优美生态环境的期待。

（一）利用污水处理技术为构建良好生态做贡献

目前，鹤壁主城区每天有 10 万立方米生活污水流入淇滨污水处理有限责任公司

各污水处理分厂，经过多道工艺处理，出水水质全部达到"国家一级 A 标准"，污水处理的终点也是循环利用的起点，"水尽其用"就是最好的例证。净化后的生活污水变成中水，一部分供鹤淇电厂生产使用，一部分为披烟园中水湿地公园提供水源，还有一部分排至盖族沟和刘洼河作为生态补水。在鹤壁东区披烟园，一股清澈的水流，源源不断流入人工湖，使湖面风光与岸上风景交相辉映。这股清澈的水流就是从淇滨污水处理有限责任公司流出的中水。截至 2022 年年底，淇滨污水处理有限责任公司已累计向披烟园补水 231 万立方米。

（二）打造水资源利用的生态经济循环系统

在鹤淇电厂，大型发电机组运转需要生产用水。通过工艺设备改造，淇滨污水处理有限责任公司处理后的中水可以作为生产用水。截至 2022 年年底，淇滨污水处理有限责任公司已向鹤淇电厂输送中水 2 625 万立方米，提高了水资源重复利用率。经过积极进行工艺改造后，淇滨污水处理有限责任公司厂区生产用水、绿化用水、人工湖观赏用水等由原来的抽取地下水全部改为使用净化过的中水，节省了生产成本，节约了水资源。

（三）创设全社会重视水资源再利用的氛围

生态环境部在河南省命名的国家级中小学生环境教育社会实践基地共有 3 家，多年来，淇滨污水处理有限责任公司非常注重与中小学校联合实施环境教育社会实践。通过丰富多彩的活动，淇滨污水处理有限责任公司不仅宣传了"绿水青山就是金山银山"的理念，让学生们认识到环境保护的重要性，而且还拓宽了学生们的知识面，传播了绿色低碳环保理念，进而通过学生把环保理念普及到每一个家庭，从而推动全民参与生态环境保护。

二、伏锂码云平台智慧水务的成功实践

伏锂码云平台是一款集数据采集、数据处理、数据存储和数据展示于一体的智慧化平台，为各行各业提供了全面的数据支持和技术支持。在智慧水务领域，伏锂码云平台也发挥了重要作用，为水务行业的数字化转型提供了强有力的支持。

随着科技的不断发展，智慧水务已成为水务行业转型升级的必由之路。在智慧水务中，数据是关键，而伏锂码云平台正是为水务行业提供了全面的数据支持和技术支持。

伏锂码云平台在污水处理企业中的应用场景见图 6-1。

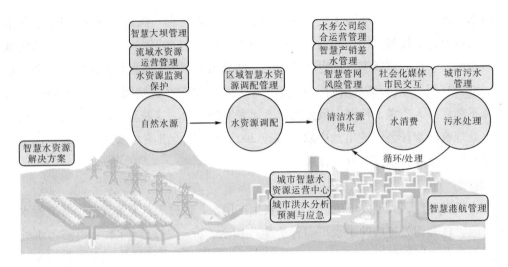

图 6-1 伏锂码云平台在污水处理企业中的应用场景

（一）数据采集

数据采集是智慧水务的第一步。伏锂码云平台为水务行业提供了多种数据采集方式，如物联网、人工采集等。通过数据采集，水务行业可以实时监测水质、水位等数据，对水源地、水库、水厂等进行实时监控，及时发现异常情况，保障供水安全。

（二）数据处理

数据处理是智慧水务的核心环节。伏锂码云平台提供了多种数据处理方式，如数据清洗、数据分析、数据建模等。通过数据处理，水务行业可以深入了解水资源的分布、变化趋势等，为水资源的合理配置和利用提供有力支持。同时，通过数据分析，水务行业可以发现潜在的问题、提出改进方案，为水务行业的发展提供有益参考。

（三）数据存储与展示

数据存储是智慧水务的重要环节。伏锂码云平台为水务行业提供了高效、安全的数据存储方式。通过数据存储，水务行业可以对历史数据进行查询、分析，为水务行业的发展提供有益参考。同时，数据存储还可以保障数据的安全性，防止数据泄露、丢失等情况的发生，保障供水安全。

数据展示同样是智慧水务的重要环节。伏锂码云平台提供了多种数据展示方式，如数据报表、数据可视化等。通过数据展示，水务行业可以清晰地了解水资源的现状、趋势等，及时发现潜在的问题，提出改进方案，为水务行业的发展提供有益参考。

（四）智慧水务行业价值

智慧水务的发展离不开科技的支持，伏锂码云平台为水务行业提供了全面的技术支持和数据支持。在伏锂码云平台的支持下，水务行业可以实现数据智能化、业务智能化，推动水务行业的数字化转型和升级。

1. 注入活力

伏锂码云平台为智慧水务注入了新的活力，让水务行业更加智慧、高效、安全。未来，伏锂码云平台将继续为水务行业提供更加全面、专业的技术支持和数据支持，助力水务行业实现数字化转型和升级，助力水务行业为人民提供更加优质、高效、安全的供水服务。

2. 提质增效

伏锂码云平台在智慧水务领域的应用，不仅提高了供水服务的效率和质量，也为水资源的保护和管理提供了有力支持。伏锂码云平台不仅在中国水务行业中得到广泛应用，也在全球范围内获得了广泛关注和应用。

3. 节约资源

伏锂码云平台的应用为节约水资源、保护环境提供了有力支持。在智慧水务的应用中，伏锂码云平台通过数据采集、处理、存储和展示，实现了对水资源的全面监测、分析和管理。通过对水质、水位、水压等数据的实时监测和分析，水务行业可以快速响应市场需求，提高供水服务的效率和质量，同时也可以及时发现潜在的问题，提出改进方案，为水资源的保护和管理提供有力支持。

4. 支持转型

伏锂码云平台的应用为水务行业的数字化转型和升级提供了有力支持。随着全球水资源的日益紧缺，水务行业的数字化转型和升级已经成为全球水务行业发展的必然趋势。伏锂码云平台的应用，通过数据智能化、业务智能化，实现了对水务行业的数字化转型和升级，为水务行业提供更加智慧、高效、安全的服务。

（五）伏锂码云平台的应用范围

作为一款智慧化平台，伏锂码云平台不仅在水务行业中得到广泛应用，也在其他行业中发挥了重要作用，为各行各业提供了全面的数据支持和技术支持。随着科技的不断发展，伏锂码云平台的应用前景将更加广阔。

1. 水资源管理

伏锂码云平台在智慧水务领域的应用不仅仅局限于供水安全，还包括水资源管理、水环境监测等方面。伏锂码云平台提供的技术支持，让水务行业能够更加全面、准确地了解水资源的状况，更加科学地管理和利用水资源，从而实现水资源的可持续利用。

在水资源管理方面，伏锂码云平台可以帮助水务行业提高水资源利用效率，优化供水方案，提高供水能力。通过数据采集和处理，伏锂码云平台可以分析出各个水源地、水库、水厂等的供水情况，为水务行业提供科学、合理的供水方案。同时，伏锂码云平台还可以对水资源进行分析和预测，提前发现水资源的变化趋势，为水务行业提供有益参考。

2. 水环境监测

伏锂码云平台可以帮助水务行业实现对水环境的全面监测和管理。通过数据采集和处理,伏锂码云平台可以实时监测水质、水位、水流速等数据,及时发现异常情况,预警水环境风险,保障供水安全。同时,伏锂码云平台还可以对水环境进行分析和评估,为水务行业提供科学、合理的水环境管理方案。

3. 数字化转型

智慧水务的发展需要全社会的支持和参与,而伏锂码云平台正是为水务行业提供了全面的技术支持和数据支持。在伏锂码云平台的支持下,水务行业可以实现数字化转型和升级,提高供水效率,保障供水安全,推动水务行业的可持续发展。

(六)跨行业应用

除了在供水安全、水资源管理、水环境监测等方面为水务行业提供支持之外,伏锂码云平台还可以在其他方面为水务行业提供帮助。例如,在智慧水务中,智能化水表的应用越来越广泛,而伏锂码云平台可以为水务行业提供智能化水表的管理和监测服务。通过智能化水表的应用,水务行业可以实现对用户用水情况的实时监测和管理,提高供水效率,减少水资源浪费。

另外,在智慧水务中,水务行业需要处理大量的数据,因此数据安全问题也日益凸显。伏锂码云平台提供的数据存储和数据处理服务可以帮助水务行业解决数据安全问题,确保数据的隐私性和安全性,保障供水安全。

智慧水务的发展需要全社会的支持和参与,伏锂码云平台为水务行业提供了全面的技术支持和数据支持。在伏锂码云平台的支持下,水务行业可以实现数字化转型和升级,提高供水效率,保障供水安全,推动水务行业的可持续发展。

第三节　我国资源再利用制度建设

当前,我国已经建立多项相关制度,从法律体系、法规方案、部门规章、标准规范、配套政策等方面形成了一套较为完善的资源高效利用制度。

一、制度建设的行业支撑

(一)资源总体利用效率大幅提升

统计数据显示,2005—2020 年,我国主要资源产出率增长了约 63.4%;2012—2019 年,我国单位国内生产总值能耗累计降低 24.4%,资源总体利用效率大幅提升。

(二)重点高耗能产品的单耗持续下降

能源效率提升明显,能源消耗强度显著降低。经核算,火电厂供电煤耗从 2005 年的 370 克标准煤/千瓦时下降到 2020 年的 305 克标准煤/千瓦时,累计下降 65 克标准煤/千瓦时；钢铁可比能耗从 2005 年的 732 千克标准煤/吨下降到 2018 年的 622 千克标准煤/吨，累计下降 110 千克标准煤/吨；合成氨综合能耗从 2005 年的 1 650 千克标准煤/吨下降到 2020 年的 1 423 千克标准煤/吨，累计下降 227 千克标准煤/吨。

3. 资源循环利用水平不断提高

2019 年，我国废钢铁、废有色金属、废塑料、废轮胎、废纸、废弃电器电子产品、报废机动车等十大类别的再生资源回收总量为 3.54 亿吨，同比增长 10.2%。据不完全统计，主要再生资源回收利用率已达到 70% 左右。2022 年，全国城市生活垃圾清运量约为 1.91 亿吨，处理量约为 1.88 亿吨，城市生活垃圾处理率达到约 98.43%。

二、制定全链条的政策法律体系

（一）法律体系

为推动资源高效利用，我国制定了一系列从资源开发、利用到处置全链条的法律体系。资源开发方面的法律主要包括《中华人民共和国矿产资源法》《中华人民共和国水法》《中华人民共和国森林法》《中华人民共和国可再生能源法》《中华人民共和国海洋环境保护法》等，资源利用方面的法律主要包括《中华人民共和国土地管理法》《中华人民共和国节约能源法》《中华人民共和国循环经济促进法》《中华人民共和国清洁生产促进法》等，资源处置方面的法律主要包括《固体废物污染环境防治法》等。这些法律为推动资源高效利用制度的落实奠定了基础。

（二）政策文件

2021 年 6 月，国家发改委、住房和城乡建设部印发《"十四五"城镇污水处理及资源化利用发展规划》（以下简称《城镇污水处理规划》）。针对资源高效利用的要求，我国发布了一系列指导意见、配套办法和实施方案，为推动制度落实指明了方向，提供了支撑。

1. 为指导制度的实施，我国发布了相关指导意见

例如，关于资源产权制度改革，2019 年 4 月，中共中央办公厅、国务院办公厅印发《关于统筹推进自然资源资产产权制度改革的指导意见》，要求基本建立归属清晰、权责明确、保护严格、流转顺畅、监管有效的自然资源产权制度。关于资源有偿使用制度，2016 年发布的《国务院关于全民所有自然资源资产有偿使用制度改革的指导意见》要求基本建立产权明晰、权能丰富、规则完善、监管有效、权益落实的全民所有自然资源资产有偿使用制度，并针对土地、水、矿产、森林、草原、海域海岛六类国有自然资源分别提出了建立完善有偿使用制度的重点任务。关于自然资源监管体制，2017 年 9 月，中共中央办公厅、国务院办公厅印发《关于建立资源环境承载能力监测预警长效机制的若干意见》，提出建设资源环境监测预警数据库和信息技术平台、一体化监测预警评价机制等。

2. 为推动制度的落实，我国发布了相关实施方案

例如，关于自然资源产权制度，2019年7月，自然资源部等五部门联合印发《自然资源统一确权登记工作方案》，提出对水流、森林、山岭、草原、荒地、滩涂、海域、无居民海岛以及探明储量的矿产资源等自然资源的所有权和所有自然生态空间统一进行确权登记。关于资源总量管理和全面节约制度，2016年以来，我国陆续发布了天然林、草原、湿地、沙化土地保护修复制度方案。

制度的贯彻实施以严密的法治为保障。以最严密法治保护生态环境，意味着对污染破坏行为进行严防严控严治，通过依法治污、严法治污，确保生态环境保护方针政策的落地见效。

3. 为保障制度的推行，我国发布了相关配套法规和办法

我国从资源、环境、生态三个维度构建生态文明建设的统筹治理体系，推动重要江河湖库的跨区域、跨流域联防联控联治；从大气、水、土壤、固体废弃物、新污染物等协同治理角度，加强对各类污染物的全方位控制体系建设，持续深入打好污染防治攻坚战；从污水、垃圾、固体废弃物、危险废物、医疗废物等不同领域，加强环境基础设施建设，通过统筹部署、优化设计、市场化运营来提升环境基础设施的建设水平，通过强化评估和监管来提升环境基础设施的利用率和建设效能；从排污权、用能权、用水权、碳排放权等方面完善排污许可制，以市场化交易、约束性指标、官员离任审计、环境公益诉讼、生态环保督察等举措进一步完善生态环境治理体系，以治理体系优化来促进治理效能的提升；从源头预防、风险识别、监测预警、危机应对、损害赔偿、责任追究、修复研判等环节入手，加强生态环境风险防治体系建设，以"全周期管理"思维强化对生态危机和环境风险的防控。

三、出台具体的部门规章、规范和指南

为推动节能减排工作的开展，我国建立了节能环保产品政府强制采购和优先采购、能效标准标识、节能监察、用能权交易、碳排放权交易等一系列机制，针对能源和碳排放领域发布了大量的标准和技术目录等。为推动资源循环利用，相关部门按照职责分工制定了一系列部门规章、标准规范和技术指南等，如电子废物方面，明确了名录、规划和基金补贴等，制定了基于生产者责任延伸制度的《电子废物污染环境防治管理办法》，为推动生活垃圾分类和资源化利用，发布了生活垃圾收集、运输、处理等相关管理规章等。

（一）开展试点工作

为更好地推进自然资源产权制度的实施和确权登记，我国开展了确权登记试点，并在此基础上出台了《自然资源统一确权登记办法（试行）》。为推动节能减排工作，我国开展了节能减排财政政策综合示范城市、低碳城市、低碳园区等试点工作。为推进资源循环利用，我国开展了国家"城市矿产"示范基地、循环化改造园区、

餐厨废弃物资源化利用和污水处理试点城市、再制造试点示范基地、循环经济示范城市、工业固体废物综合利用基地试点、农业废弃物资源化利用试点等。在建立自然资源监管体制方面，2015 年，国务院办公厅要求在试点地区编制自然资源资产负债表，已有部分试点完成了此项工作。

（二）采取政策手段保障实施

我国采取了若干种政策手段保障资源高效利用制度的实施。

1. 目标责任和考核制度

我国从"十一五"时期开始对节能目标进行考核，当前我国对能源消费采取能源消费总量和强度"双控"制度。2017 年，中共中央办公厅、国务院办公厅发布了《领导干部自然资源资产离任审计规定（试行）》，要求对领导干部进行自然资源资产离任审计。

2. 价格和收费政策

我国自 20 世纪 90 年代末开始实行垃圾和污水处理收费制度，对资源型产品进行价格改革，实行了差别电价、惩罚性电价、阶梯水价、生物质发电上网优惠电价和燃煤发电脱硫加价政策。

3. 财政资金支持政策

为促进资源循环利用，2012 年，财政部、国家发改委印发《循环经济发展专项资金管理暂行办法》，支持园区循环化改造示范、国家"城市矿产"示范基地建设、餐厨废弃物资源化利用和无害化处理等重点项目。国家建立了废弃电器电子产品处理基金，对列入目录的产品回收处理给予补贴。

4. 税收优惠政策

2016 年，财政部、国家税务总局发布《关于全面推进资源税改革的通知》，扩大了资源税的征收范围，将原有"按量计征"为主改为"按价计征"为主，提高资源税对资源供求关系、极差效益的调节作用，实施"浮动税率"，对综合利用的资源给予减税或免税的税收优惠。2015 年，财政部、国家税务总局印发《资源综合利用产品和劳务增值税优惠目录》，规定纳税人从事该目录所列的资源综合利用项目，可以申请享受规定的增值税即征即退政策。

（三）我国资源再利用制度的逐步完善

习近平总书记强调："只有实行最严格的制度、最严密的法治，才能为生态文明建设提供可靠保障。"保护生态环境必须完善生态保护红线制度。一方面，国家应切实解决立法内容不完善、法律责任不明确、惩罚过轻等问题。在此基础上，国家应严格规范生态保护红线制度的适用范围，真正实现生态保护红线政策的制度化与法律化。另一方面，国家应构建并严守生态功能保障基线、环境质量安全底线、自然资源利用上线三大红线，建立全面生态安全屏障，全方位推进生态文明建设，为实现人与自然和谐共生提供重要制度保障。

1. 资源再利用制度体系建设亟须完善

（1）部分资源高效利用制度尚未建立或不完善。当前，部分资源高效利用制度仅有指导意见，尚且没有落实文件和落实方案。例如，关于自然资源有偿使用制度，国家仅对部分资源提出了具体的制度改革方案，其他资源的制度改革方案尚处于准备完善和研究起草阶段。一些制度的范围也有待进一步扩展，如生产者责任延伸制度现在只包括电器电子、汽车、铅蓄电池、包装物四类产品，需要进一步扩展范围。

（2）部分重点领域还存在短板。资源高效利用的一些重大环节和重点领域仍亟待完善或强化制度建设。备受关注的垃圾问题、持续重视节能与提高能效、加快推进能源革命、坚持发展循环经济等都需要通过更为有效的制度建设予以落实，真正推动实现资源的高效利用。

2. 资源高效利用制度配套政策有待健全

（1）亟须配套政策支持。部分资源高效利用制度落实亟须配套政策支持。例如，自然资源资产产权制度在政府政策文件中提出，理论上在不断完善，但是并没有专门针对自然资源产权制度的法律。此外，关于一次性用品使用、快递包装绿色回收等，都缺乏专门的法律法规予以规范。制度落实的激励手段不足，尤其是对资源综合利用等具有一定公益性质的行业，国家需要进一步完善相关税收和补贴政策。

（2）健全市场机制。自然资源资产的产权制度和有偿使用制度需要市场机制的保障。我国自然资源的有偿使用和开发机制尚未完全建立，大部分自然资源资产的价格仍偏离价值，自然资源被大量低效开发利用，造成了自然资源的浪费和破坏。此外，如何划清政府职能和市场机制在资源利用制度方面的边界也是一个难点。

3. 资源高效利用制度落实缺乏基础支撑

（1）数据不够全面。与废弃物循环利用率相关的城市建筑垃圾资源化处理率、城市餐厨废弃物资源化处理率以及各种再生资源的产生、回收、处理、处置等数据只能根据经验或不完全调研进行推测，难以获取实际情况。

（2）制度落实所需信息化手段不足。数字化、信息化是未来资源管理发展的大势所趋，信息化平台的建设对自然资源的开发、利用、管理、监督和资源的循环利用都有促进作用。但是，当前信息化平台的建设不足，影响了推行资源高效利用制度中市场交易、公众监督等机制的落实。

（3）专业性人才不足。政策研究、技术研发、数据统计、制度落实、推进改革等方面都需要大量专业性人才，现有人才不了解相关的法律法规和政策，不能满足当前需要。除人才的专业技能不足之外，人员数量不足也是一个突出问题。

四、推进我国资源再利用制度建设的策略

我国应全面树立"循环+进口+开采"以及全产业链、全生命周期的新资源战略观，总体上逐步形成"循环为先、进口为主、开采为辅"的资源战略。我国应逐步

把资源循环利用作为资源开采、进口之外的第一资源选择，逐步由资源大国变为资源强国。

（一）加快完善资源高效利用制度体系

我国应统筹考虑各环节工作重点，从制定相应的专项规划入手，着力构建完善的制度体系，全面推进资源的高效利用，并将资源高效利用的主要指标纳入高质量发展、绿色发展和生态文明评价指标体系。

1. 健全三大基本制度

我国应实施自然资源产权制度、资源有偿使用制度、资源总量管理和全面节约制度三大基本制度。第一，我国应全面开展对水流、森林、山岭、草原、荒地、滩涂、海域、无居民海岛以及探明储量的矿产资源等自然资源的所有权和所有自然生态空间的确权登记工作；加快出台全民所有中央政府直接行使所有权、全民所有地方政府行使占有权的资源清单和空间范围。第二，我国应尽快出台国有土地、矿产资源、草原、森林资源的有偿使用制度方案，完善与自然资源开发利用相关的清单制度。第三，我国应实行能源和水资源消耗、建设用地等总量和强度"双控"行动，合理分解落实目标，探索实施区域差别化能源消费总量控制方案，将资源利用总量和强度"双控"指标纳入地方经济社会发展综合考评体系，建立健全用能权、用水权、排污权、碳排放权初始分配制度。

2. 推进能源革命

我国应结合碳达峰、碳中和目标，大力推进能源革命。第一，我国应落实"节能是第一能源"的理念，推动源头减量；深化工业、建筑、公共机构节能，强化交通运输节能，推进商贸流通领域、农业农村节能。第二，我国应以"控煤"和"提高能源安全"为总基调，积极促进能源多元供应；探索煤炭消费总量控制制度和实施办法；建立健全核电、水电、风电、太阳能等协同协调发展机制；完善化石能源产能退出机制，加快淘汰能源领域落后产能。

3. 推进资源高效循环利用

第一，我国应注重"高效"和"循环"并重，扭转一次资源消费持续增长的局面。第二，我国应全面建立和完善垃圾回收、清运体系，积极总结试点经验，在全国地级市以上城市全面落实生活垃圾分类制度；逐步统一垃圾分类标准、垃圾回收运输企业分类回收运输标准等；健全生产者责任制，扩大生产者责任延伸制的覆盖范围，探索建立消费者责任制，将垃圾分类、垃圾收费逐步纳入消费者责任制的范围。第三，我国应加强废弃物的资源化利用，落实工业固体废弃物综合利用的奖惩措施，建立低值废弃物回收处理基金；加快对城市建筑垃圾、餐厨废弃物、废旧纺织品等废弃物的集中回收和规范化处理。第四，我国应推动再生产品的利用，建立资源再生产品和原料推广使用制度，建立政府优先采购再生产品制度。

（二）健全资源高效利用配套政策

完善科学的制度体系需要相应的配套政策支持才能实现其功能，我国应由各级政府牵头，由企业等社会各方参与，协商修订现有的资源利用法律法规。

1. 完善资源高效利用法律体系

我国应制定和完善自然资源资产产权、应对气候变化、耕地质量保护、节水和地下水管理、草原保护、湿地保护、海洋保护等方面的法律法规，推进修订《中华人民共和国矿产资源法》《中华人民共和国水法》《中华人民共和国森林法》《中华人民共和国草原法》《中华人民共和国海域使用管理法》《中华人民共和国海岛保护法》《中华人民共和国循环经济促进法》等法律及相关行政法规，制定国土空间开发保护法，为全面建立资源高效利用制度提供法治保障。

2. 广泛推行资源高效利用市场化机制

第一，我国应完善资源开发利用的市场机制，研究扩大资源使用权的出让、转让、出租、担保、入股等权能，加快完善自然资源及其产品价格改革。第二，我国应构建能源现代化市场体系，转变政府职能，以引导、监督市场为主，避免政府对能源市场的直接干预。第三，我国应鼓励发展资源节约集约利用的市场机制，研究和完善电力需求侧管理、合同能源管理、综合能源服务、合同节水管理等资源节约集约利用市场机制，创新节能投融资机制，完善绿色信贷和绿色产业发展政策。第四，我国应探索资源循环利用的市场机制，探索实施城市垃圾回收清运特许专营制度，支持专业化机构开展城市垃圾回收。

3. 开展试点示范和经验推广

第一，我国应鼓励重点地区以促进资源高效利用为目标，积极开展自然资源资产产权制度、资源有偿使用制度、资源总量管理和全面节约制度、资源循环利用制度、海洋资源开发保护制度、自然资源监管制度等方面的试点示范工作，发挥好试点对全局性改革的示范、突破、带动作用。第二，我国应重视经验总结和推广，全面总结各领域资源高效利用相关试点示范经验，为各项制度的制定提供科学支撑，并及时做好后续推广。

（三）着力加强资源高效利用基础建设

1. 尽快建立健全统计核算体系

第一，我国应研究出台资源统计报表制度，构建统一的自然资源调查监测体系，全面查清重要自然资源的数量、质量、分布、权属、保护和开发利用状况；健全资源产出率统计体系，在省级、城市、园区等层面启动资源产出率的初始核算工作。第二，我国应鼓励和支持有条件的地方建立统计监测制度，利用"互联网+"和智能技术，建立再生资源和废弃物的统计监测体系。第三，我国应在试点基础上逐步拓展推进编制自然资源资产负债表，开展实物量统计，探索价值量核算。

2. 加强制度执行保障

第一，我国应加强组织管理保障，在离任审计试点的基础上，在全国地级市以上城市实行自然资源资产离任审计，强化各级领导干部节能目标责任评价考核。第二，我国应注重宣传引导，利用各种渠道提升公众高效利用资源的意识，加强对各类资源高效利用制度试点示范经验的宣传推广。

3. 加强技术创新和人才队伍建设

第一，我国应加强能源资源利用技术创新，普及推广应用前沿技术；制定和更新国家鼓励的资源高效利用技术、工艺和设备名录，健全资源循环利用技术、装备的遴选及推广机制；通过国家科技计划统筹支持资源循环利用的共性关键技术研发；支持资源循环利用企业建立技术研发中心；全面普及推广先进节能及新能源技术，大力发展智慧能源技术，推动互联网与分布式能源技术、先进电网技术、储能技术深度融合。第二，我国应加强能源科技基础研究体系建设，实施人才优先发展战略、鼓励开展前沿性创新研究。

第七章

再生资源企业管理模式与管理创新

企业管理指的是企业针对生产经营活动进行有组织、有计划的指挥及协调控制，希望通过充分发挥企业的人力、物力、财力以及信息等资源的效果，从而获取最大的投入产出效率并达到"多、快、好、省"的目标。社会竞争力的增强有助于企业实现可持续发展，为此企业应当在低碳背景下创新研究企业管理模式。

第一节　低碳背景下的企业管理模式创新

"低碳经济"概念最早源自英国能源白皮书——《我们能源的未来：创建低碳经济》。我国在发展经济的同时也意识到气候变化带来的影响已经十分显著。因此，我国在可持续发展理念的指导下，通过技术创新、制度创新、能源开发以及产业转型等方式来实现对生态环境的保护，尽可能减少煤炭等高碳能源的消耗，并减少温室气体的排放，促进新的经济发展形态的形成，追求经济社会发展与生态环境发展的双赢局面。

一、倡导低碳消费

在引导低碳消费方面，我国强化对个人绿色行为的正向激励。除了持续加大低碳消费理念宣传外，我国还强化制度建设，激励消费者选择绿色产品和服务。

我国加快解决碳普惠制度发展的制度和技术难题，强化顶层设计、低碳场景和碳普惠方法研究以及数据联通等，让低碳消费行为显性化，可查询、可追溯、可转化为收益。

低碳管理已经成为未来发展的必然趋势，无论是国家在宏观层面的政策支持，还是企业在微观层面的个性发展，根本目标都是在保证生态环境可持续发展的前提下，实现经济社会的进步。

企业在国民经济体系中的地位至关重要，低碳理念的提出与推行为各企业的可持续发展指明了道路，但同时也提出了更多的挑战。企业管理者及员工一定要在深刻理解低碳经济的基础上对现有管理模式进行反思与创新，尽快构建并适应低碳经济的企业管理思想体系，进而为各企业的可持续发展保驾护航。

二、企业管理创新的指导思想

企业的管理组织形式直接决定了企业管理工作的效率与质量，尤其在低碳背景下企业应加快组织形式的革新，以自身特征及管理目标来构建与低碳理念相适应的组织机制与管理形式，从而促进企业管理活动可以在生产、经营、管理等环节中得以有效落实。相关工作人员应当积极优化组织层次并切实解决管理过程中存在的协调性问题，进而为企业管理模式的优化调整提供有效支持。

（一）对核心价值观的执守

习近平总书记指出："推进国家治理体系和治理能力现代化，要大力培育和弘扬社会主义核心价值体系和核心价值观，加快构建充分反映中国特色、民族特性、时代特征的价值体系。坚守我们的价值体系，坚守我们的核心价值观，必须发挥文化的作用。民族文化是一个民族区别于其他民族的独特标识。要加强对中华优秀传统文化的挖掘和阐发，努力实现中华传统美德的创造性转化、创新性发展，把跨越时空、超越国度、富有永恒魅力、具有当代价值的文化精神弘扬起来，把继承优秀传统文化又弘扬时代精神、立足本国又面向世界的当代中国文化创新成果传播出去。只要中华民族一代接着一代追求美好崇高的道德境界，我们的民族就永远充满希望。"对核心价值观的执守，是企业开展各项工作，包括管理模式创新的根本遵循。

（二）对管理制度的认同

党的十九届四中全会审议通过的《中共中央关于坚持和完善中国特色社会主义制度 推进国家治理体系和治理能力现代化若干重大问题的决定》明确指出："全面建立资源高效利用制度。推进自然资源统一确权登记法治化、规范化、标准化、信息化，健全自然资源产权制度，落实资源有偿使用制度，实行资源总量管理和全面节约制度。健全资源节约集约循环利用政策体系。普遍实行垃圾分类和资源化利用制度。推进能源革命，构建清洁低碳、安全高效的能源体系。健全资源开发保护制度。加快建立自然资源统一调查、评价、监测制度，健全自然资源监管体制。"建立资源高效利用制度有助于推动我国生态文明建设，促进经济高质量发展。

（三）对低碳经济的认同

企业应当以人才管理、财务管理等为切入点，全面建立系统的低碳管理体系，进而使全体员工形成节能减排的意识。企业对人才的培养可以通过开展多样化的教育培训及讲座等形式来实现。只有高度的凝聚力，才能增强企业整体的低碳管理意识，引导企业员工在企业管理工作中始终秉持低碳理念。

（四）对发展战略的明确

发展战略就是关于企业未来如何发展的理论体系，对企业在一定时间内的发展方向、速度、侧重点等内容作出了详细说明，对切实解决企业发展问题具有一定的指导意义。低碳背景下的企业发展战略也应当遵循低碳的根本原则，坚持可持续发展理念。企业制定的发展战略应当符合国家提倡的未来发展方向，进而在企业管理模式等方面进行创新与优化，以减少对煤炭、石油等高碳能源的使用。这些目标主要通过减少碳的人为使用量、减少碳的排放量等途径来实现。

企业的产品在一定程度上决定了企业的经济效益，低碳背景下的企业应当加快开发绿色产品并拓展其市场。企业服务作为一种看不见的商品也不断向绿色化的方向发展。无论是有形的产品还是无形的产品都应当符合低碳经济的要求。

第二节　现代企业管理创新策略

熊彼特在总结他所观察的现代经济演化特征时指出，推动进步的力量，并非来自过去经验的累积，而在于颠覆性的全盘创新。托马斯·库恩提出的"范式转移"概念也特别强调新旧范式之间转换的整体性和结构性。战略的长期性特征并不意味着战略是一成不变的，战略应通过动态调整，实现其"不变"与"应变"的统一。

一、管理环境的变化趋势

"企业可以错过一个事件，却不可以错过一个时代。"企业对数字技术的忽视或漠视，必然付出被数字技术时代所抛弃的代价。企业的经营者一定要有远见，企业中一定要有人来思考未来的事情，对企业做前瞻性的规划。在执行过程中，企业把这些规划性的东西细化成可操作、可执行的事件或任务。这样既有战略上的高屋建瓴，又有切切实实的行动相配合。

当今世界的商业环境及规则已经发生革命性的变化，从根本上动摇了以往的商业逻辑。企业必须对既有的、视为当然的基本信念进行相应的批判性审视，促进基本信念的重大转变，使企业中的每个人都开始关心"做正确的事"而非"把事做正确"。调整、再造和创新的根本目的是要使企业永远向着正确的方向前进，而非如何在现有的轨道上跑得更快。

二、对创新的全面系统理解

创新分为技术创新和战略创新。从产业的角度来讲，我国企业需要将两种创新模式整合在一起。

（一）定位决定地位，布局决定结局

我国企业固然缺乏技术创新，但更缺乏的却是战略创新和体制创新，尤其是机制创新。在创建创新型国家的大背景下，应该说企业在技术创新方面已有明显的起色和良好的势头，甚至在局部的、单元级的创新方面已经有突破。但是，我国企业在系统级的创新、战略层次的创新上，尚与发达国家的企业存在巨大的差距。

（二）从企业间的竞争上升到供应链的竞争

当下，企业的竞争已经从单元级的竞争上升为系统级的竞争，从企业间的竞争转变为业务链、价值链、服务链乃至整体供应链和产业链的竞争，即转变为企业集群间的竞争。毫无疑问，我国要实现从"制造大国"向"制造强国"的跃进，实现从"中国制造"到"中国创造"的脱胎换骨，如果没有包括技术创新和战略创新在内的各种创新，将是难以实现的。

（三）重视制度创新与战略创新

相比之下，制度创新和战略创新是目前我国企业面临的最大挑战之一，制度创新和战略创新是技术创新尤其是高新科技创新的前提。

制度创新和战略创新相比单纯的技术创新意义更深远，产生的影响也更大。战略创新的关键之处在于，如何把"小"资源变成"大"资源，把"分散"资源变成"集中"资源，把"死"资源变成"活"资源，把"不为我所有"的资源变成"但为我所用"的资源。其中，对资源的识别、利用、调度、优化、配置和整合尤其重要。

第八章

再生水项目确立
与项目化管理

项目管理作为 21 世纪先进的管理模式，在不同产业、不同行业得到了广泛的运用，污水处理行业也将其作为主要管理模式，在实践中灵活应用。项目管理为企业和社会组织带来巨大的经济效益和社会效益。项目管理的应用从 20 世纪 60 年代仅限于建筑、国防、航天等行业迅速发展到计算机、电子通信、金融甚至政府机关等众多领域。

第一节　项目与项目管理概述

项目是指一系列独特的、复杂的并相互关联的活动，这些活动有着一个明确的目标或目的，必须在特定的时间、预算、资源限定内依据规范完成。

一、项目概述

一般而言，工作总是以两类不同的方式来进行的：一类是持续和重复性的，另一类是独特和一次性的。任何工作均有许多共性，比如要由个人和组织机构来完成、受制于有限的资源、遵循某种工作程序、限制于一定时间内。

（一）项目的特性

项目是特定工作的集合，项目具有以下属性：

1. 一次性与时限性

一次性是项目与其他重复性运行或操作工作最大的区别。项目有明确的起点和终点，没有可以完全照搬的先例。项目的其他属性也是从项目的一次性这个主要特征衍生出来的。时限性是指每一个项目都具有明确的开端和明确的结束。当项目的目标都已经达到时，该项目就结束了。或者是当我们已经可以确定项目的目标不可能达到时，该项目就会被中止了。时限性并不意味着项目持续的时间短，许多项目会持续数年。但是，无论如何，一个项目持续的时间是确定的，项目是不具备连续性的。

另外，由项目创造的产品或服务通常是不受项目的时限性影响的，大多数项目的实施是为了创造一个具有延续性的成果。例如，一个企业在进行品牌策划项目中，其品牌影响力通常会持续很久。

2. 独特性与唯一性

每个项目都是独特的。或者其提供的产品或服务有自身的特点；或者其提供的产品或服务与其他项目提供的产品或服务类似，然而其时间和地点、内部环境和外部环境、自然条件和社会条件有别于其他项目，因此项目的过程总是独一无二的。大多数项目涉及的某些内容是以前没有涉及的，也就是说这些内容是唯一的。虽然项目的产品或服务属于某一大类别，但是项目仍然可以被认为是唯一的。例如，我们修建了成千上万的写字楼，但是每一座独立的建筑都是唯一的——它们分属于不同的业主、做了不同的设计、处于不同的位置、由不同的承包商承建等。具有重复的要素并不能够改变项目整体根本的唯一性。

3. 目标的确定性

项目必须有以下确定的目标：

（1）时间性目标，如在规定的时段内或规定的时点之前完成。

（2）成果性目标，如提供某种规定的产品或服务。

（3）约束性目标，如不超过规定的资源限制。

（4）其他需满足的要求，包括必须满足的要求和尽量满足的要求。

目标的确定性允许有一个变动的幅度，也就是可以修改。不过，一旦项目目标发生实质性变化，它就不再是原来的项目了，而将产生一个新的项目。

4. 活动的整体性与范围性

项目中的一切活动都是相关联的，构成一个整体。多余的活动是不必要的，某些关键性活动的缺失必将损害项目目标的实现。活动的整体性不仅表现为项目团队的整体性，项目成果等也具有整体性。因此，企业应对活动的整体性与项目范围界定的关系予以重视，加以辩证理解。

5. 组织的临时性与开放性

在项目的全过程中，项目班子的人数、成员、职责是在不断变化的。某些项目班子的成员是借调来的，项目终结时班子要解散，人员要转移。参与项目的组织往往有多个，多数为矩阵组织，可以有几十个甚至更多。参与项目的组织通过协议或合同以及其他的社会关系组织到一起，在项目的不同时段不同程度地介入项目活动。可以说，项目组织没有严格的边界，是临时性的和开放性的。这一点与一般企事业单位和政府机构很不一样。

6. 成果的不可挽回性

项目的一次性属性决定了项目不具有其他事情那样可以试做、有纠错的机会的特性。项目在一定条件下启动，一旦失败就永远失去了重新开展原项目的机会。项目运作有较大的不确定性。

7. 项目团队的阶段性

项目工作组作为一个团队，很少会在项目结束以后继续存在。大多数项目都是由一个工作组来实施完成的，而成立这个工作组的唯一目的也就是完成这个项目，当项目完成以后，这个团队就会被解散，成员也会再被分配到其他工作当中去。各种层次的组织都可以承担项目工作。这些组织也许只有一个人，也许包含成千上万的人；也许只需要不到 100 个小时就能完成项目，也许会需要长年累月的时间。项目有时只涉及一个组织的某一部分，有时则可能需要跨越好几个组织。通常，项目是执行组织商业战略的关键。

（二）项目管理概述

项目管理就是为了满足甚至超越项目涉及人员对项目的需求和期望而将理论知识、技能、工具和技巧应用到项目中去的活动。

1. 项目管理的概念

项目管理就是项目的管理者在有限的资源约束下，运用系统的观点、方法和理论，对项目涉及的全部工作进行有效管理。项目的管理者在从项目的投资决策开始到项目结束的全过程进行计划、组织、指挥、协调、控制和评价，以实现项目的目标。

2. 项目管理的特点

项目管理的特点如下：

（1）普遍性。项目作为一种一次性和独特性的社会活动普遍存在于社会的各项活动之中，甚至可以说人类现有的各种物质文明成果最初都是通过项目的方式实现的。

（2）目的性。项目管理的目的性要通过开展项目管理活动去保证满足甚至超越项目有关各方明确提出的项目目标或指标，满足项目有关各方未明确规定的潜在需求或追求。

（3）独特性。项目管理的独特性是指项目管理不同于一般的企业生产运营管理，也不同于常规的政府管理，而是一种完全不同的管理活动。

（4）集成性。项目管理的集成性是指项目的管理必须根据项目各具体要素或各专业之间的配置关系做好集成性的管理，而不能孤立地开展项目各具体要素或各专业的独立管理。

（5）创新性。项目管理的创新性包括两层含义：一是指项目管理是对创新（项目所包含的创新之处）的管理；二是指任何一个项目的管理都没有一成不变的模式和方法，都需要通过管理创新去实现。

3. 项目管理的核心内容

项目管理的核心内容如下：

（1）范围、时间、成本和质量。

（2）有不同需求和期望的项目相关人员。

（3）明确表示出来的要求（需求）和未明确表示出来的要求（期望）。

项目管理有时被描述为对连续性操作进行管理的组织方法。这种组织方法更准确地应该被称为"由项目实施的管理"，即将连续性操作的许多方面的工作作为项目来对待，以便对其可以采用项目管理的方法。因此，对于任何通过项目实施管理的组织而言，对项目管理的认识显然都是非常重要的。

（三）项目管理的发展历史

项目管理是第二次世界大战后期发展起来的重大新管理技术之一，最早起源于美国。有代表性的项目管理技术包括关键性途径方法（CPM）、项目评估和反思技术（PERT）。

CPM 由美国杜邦公司和兰德公司于 1957 年联合研究提出，它假设每项活动的作业时间是确定值，重点在于费用和成本的控制。PERT 出现于 1958 年，由美国海军特种计划局和洛克希德航空公司关于规划与研究在核潜艇上发射"北极星"导弹的计划中首先提出。与 CPM 不同的是，PERT 的作业时间是不确定的，是用概率的方法进行估计的估算值；另外，PERT 也并不十分关心项目费用和成本，重点在于时间控制，被主要应用于含有大量不确定因素的大规模开发研究项目。后来，两者有发展一致的趋势，常常被结合使用，以求得时间和费用的最佳控制。20 世纪 60 年代，项目管理的应用范围还只是局限于建筑、国防和航天等少数领域。

国际上有许多人开始对项目管理产生浓厚的兴趣，并逐渐形成了两大项目管理的研究体系：一是以欧洲为首的体系——国际项目管理协会（IPMA），二是以美国为首的体系——美国项目管理协会（PMI）。在过去的几十年中，它们的工作卓有成效，为推动国际项目管理现代化发挥了积极的作用。

二、项目管理的知识体系与工作内容

（一）项目管理的知识体系

整个项目管理知识体系不仅包括那些已经被求证过的理论知识和已经被广泛加以应用的传统经验，而且还容纳了新的理论知识以及还没有被充分应用的先进经验。

（二）项目管理的工作内容

项目管理的工作内容如下：

（1）对项目进行前期调查、收集整理相关资料，制定初步的项目可行性研究报告，为决策层提供建议，协同配合制定和申报立项报告材料。

（2）对项目进行分析和需求策划。

（3）对项目的组成部分或模块进行系统设计。

（4）制定项目目标、项目计划、项目进度表。

（5）制定项目执行和控制的基本计划。

（6）建立项目管理的信息系统。

（7）项目进程控制，配合上级管理层对项目进行良好的控制。

（8）跟踪和分析成本。

（9）记录并向上级管理层传达项目信息。

（10）管理项目中的问题、风险和变化。

（11）项目团队建设。

（12）各部门、各项目组之间的协调并组织项目培训工作。

（13）项目及项目经理考核。

（14）理解并贯彻企业长期和短期的方针与政策，用以指导企业所有项目的开展。

（三）项目管理与其他管理方式的联系

项目管理中的许多知识是项目管理活动独有的知识工具，如关键线路分析和工作分层结构。然而，项目管理知识体系与其他管理方式的确有相同之处。全局管理包括了企业运作的计划、组织、人事安排、实施和过程控制。全局管理还包括计算机程序设计、法律咨询、统计、可行性研究、人事管理等。项目管理知识体系与全局管理在许多领域是互相交织的，如组织行为、财务预算、计划方式等。应用领域是一系列拥有共同要素的项目的统称。这种共同要素虽然重要却不一定为所有项目所必需或在所有项目中呈现出来。应用领域常需用以下术语来定义：技术因素，如软件开发、制药技术或工程建筑；管理因素，如管理层构建或新产品开发决策。此外，还有以下与项目相关的工作：

1. 方案

方案是一系列以相互协调方式管理并获得利润的项目的集合。在一些具体应用领域，方案管理与项目管理被视为同义词；而在另一些领域，项目管理被看成方案管理的子集。在更多的情况下，方案管理被认为是项目管理的子集，包含在项目管理之中。这种丰富多变的内涵使任何关于方案管理与项目管理的讨论都必须首先对两者的定义有清晰、固定的认识。

2. 子项目

项目常常可以被分解为更易管理的单元或子项目，而子项目常常可以由外部企业承包或项目执行组织中的其他职能单位完成。以下是一些子项目的举例：在建筑项目中的水泵安装或电路铺设，一个软件开发项目中的程序自动测试，一个药物研究开发项目中提供临床检验用药的批量生产，一个污水处理项目的运行前的可行性分析和价值分析。

从实施者的角度来看，子项目常常被视为一种服务而非产品，而且这种服务是独一无二的。因此，子项目也被认为是项目，并作为项目来进行管理。

第二节　项目管理的全新世界观与方法论

管理学科的发展必须有一定的哲学思维的介入。在宏大的哲学殿堂里，管理学是哲学的现实衍生物。项目管理在西方最先得到应用并产生意想不到效益，这与西方深厚的哲学思维禀赋有很大关系。项目管理在我国的推行过程中面临的困难可能在很大程度上是因为管理者的哲学思维方法的缺失。同时，项目管理的有效实施与政治体制、历史环境、逻辑思维方式等也有直接的关系。

一、项目管理的全新世界观

哲学是所有知识、技能和观念的综合，哲学通常与一种学习实践的特定领域有关，是一种对规则的基本信条。关于实践和学习的"思考方式"是哲学的所有内容。任何进入管理领域的人，包括项目经理，都必须拥有科学的哲学世界观和方法论。我们掌握的项目管理的哲学几乎涵盖了我们的项目管理工作的所有方面。

西方近代哲学的核心在于唯心主义与辩证法思想的有机结合，西方经济模型的建立往往基于直觉。项目经理对项目管理活动中不确定性问题的解决，必须运用预见性和前瞻性思维。项目管理人员应当具有更高层次的思维整合能力，在前瞻性和现实性之间寻求理性抉择，以保证项目的创新性。

（一）管理观念

现代社会经济活动日益复杂，项目管理者必须突破过去的观念，而经常以整体系统观念能解决项目管理活动中的问题。每一个整体系统是由许多子系统构成的，子系统彼此之间有密不可分的关系。子系统的最佳对策，对整体系统并不一定是最有利的。整体系统的观念是一个简单而重要的概念，如一个涉及好几个单位、好几个方面专业人员知识的整体性问题，就必须由项目管理者集中集体智慧来解决，以整体系统的观念来寻求一个最佳的决策，去折中、协调、拟定各方均可接受的方案。

项目管理要想取得优异的成果，就必须不断更新观念，用辩证的眼光去审视项目管理。因为许多项目随着法律规定、政治因素、经济情况、社会环境、科技发展而发生变化，尤其是社会服务类项目，其丰富的社会内涵使得项目本身带有浓郁的社会文化色彩。对此，项目管理者应有深刻的认识。项目管理必须随时代的需求而变化，在第三产业逐渐占据主流的社会中，我国的项目管理已经逐渐由生产经营型向社会服务型转变，单一的生产经营方式也会转入多角色化的生产经营方式。

（二）管理角色

在未来，项目管理者扮演的角色将更为多元化。项目管理者应该成为复合型人才，因此需要充分运用计算机整合商务系统和复杂的业务。项目管理者应该懂生产、懂财务、懂计算机、懂管理，能够将合理化以后的各项项目作业设计变成可以系列化的操作过程，通过减少资源投入来解决复杂的问题。

同时，在动态的经营环境下，项目管理者应当具有较强的预测能力，必须要预测由某些事务的变动所可能发生的问题及影响。周期长的项目必须运用策略规划的理论与专业技术知识。同时，项目管理者还需要就现在或将来可能发生的状况，经过归纳演绎的推理方法来制定相应的规划。根据企业经营方式与其性质的差异，项目管理者在企业主管的统一安排下即可掌握项目运行过程中的各种信息与条件，做有效规划，使有限的资源发挥最大的功效，能够预计运用有限资源的计划是最佳的计划。

（三）管理创新

为适应知识经济时代的项目管理，项目管理者必须能够适应知识经济时代的管理需求，更新管理工具，保证管理哲学的生生不息。项目管理者应将管理要素和环节有机结合起来，真正实现局部与整体的统一、个性与共性的统一、定性与定量的统一，并推动分权制、扁平化等现代管理诉求的实现，杜绝管理模块僵化等问题。

任何管理模式都会随着时间的推移而老化陈旧，项目管理者要善于整合中华优秀传统文化的精髓和西方有益的管理思想与工具。项目管理者应在借鉴西方的理性管理理念和管理工具，融入我国传统管理哲学精髓，在项目管理实践中不断进步。

（四）管理团队

项目管理活动面临的问题会越来越复杂，必须运用多种专业技能来实现合理解决。例如，项目计划提高可交付成果价值，项目管理者可能要从组织人力、财务、生产设备与技术、品牌设计、销售渠道、广告等方面着手研讨。这些研讨项目各有不同的专门方法。在人力资源不能满足需求的情况下，项目管理者用人必定会越来越精简。为了达成项目管理目标，所有项目成员都必须具备各种不同的专长，项目管理者必须研究如何将各职位的人加以合理配置，使每个人可以做好几种不同的工作，让项目的人力运用更有弹性、更有效率。

项目管理者面对各种运行决策或执行计划，常常涉及好几个彼此制衡、互相冲突、观点各异的单位，项目管理者必须在各部门各抒己见后，明察秋毫且及时得出结论。但是，由于周围环境复杂，又必须兼顾短期和长期的利益，尤其是各单位为了自身的利益，往往会从本单位的立场出发，项目管理者在做判断时往往显得力不从心，个人的才智、经历受到挑战。

此外，数字时代的项目管理者应树立科学的世界观，切忌坐井观天，应打破项目管理资源有限与狭小运作的瓶颈，寻求成功机会。

二、项目管理的科学方法论

科学方法论是从认识方法方面沟通哲学和各门自然科学的一座桥梁。哲学通过自然科学方法论对各门具体科学的研究工作发挥作用，同时也通过自然科学方法论从自然科学中吸取思想营养，以丰富和发展哲学本身。

（一）项目管理方法

1. 系统工程方法

系统工程方法产生于第二次世界大战前后，应用于20世纪五六十年代。它不仅是一门基础科学，也与哲学密切相关。它作为一种理论是为了更好地达到系统目标，而对系统的构成要素、组织结构、信息流动和控制机构等进行分析与设计的技术；作为一种方法则是组织管理系统的规则、研究、设计、制造、试验和使用的科学方法。系统工程方法与传统的技术方法相比，最大的差别在于传统的技术方法是"先见树木后见森林"，而系统工程方法则是"先见森林后见树木"，即先从整体考虑出发，提出目标，设计系统，评价择优，从而给人们提供全新的思维方式和技术工具。从哲学层面上看，系统工程方法就是用普遍联系的视角观察管理活动涉及的不同方面，全面、整体地考虑问题。

2. 工程控制方法

工程控制方法是控制论的主要分支，其基本内容主要包括线性和非线性理论系统，概率和统计方法的应用，最优控制理论，自适应、自学习以及自组织系统理论，大系统理论，模糊性理论，等等。目前，工程控制方法已广泛应用于项目管理中的过程控制及其他领域，作为人们认识客体的工具和从整体上把握客体的方法。

3. 现代信息技术

任何组织之所以能够保持自身的内在稳定性，是由于它具有取得、使用、保持和传递信息的方法。项目管理要以现代信息技术作为重要手段，把系统的运动看成抽象的信息变换过程，利用模拟模型和人工智能，研究项目管理的复杂性、系统性和整合性。

（二）项目管理方法的变通性

1. 过程性变通

一个完善的项目管理体系建设是与企业自身的行业背景、业务领域分不开的。项目管理和业务流程的交叉容易导致项目管理过程复杂化、不可控。简言之，一套方法不可以适用所有的项目。企业的项目运作包括业务流程、项目管理、技术工作三个方面。业务流程如何运作，是由企业的行业特点、业务背景决定的。项目管理如何管理项目。技术工作则是实现项目目标所需要的技术手段。对于一个企业而言，建立企业的项目管理方法体系就需要依照企业的业务流程、技术手段来设计相应的管理方法。

2. 体系性变通

项目管理方法是一个结构化的方法，是可以在大部分项目中应用的方法。在具体实践过程中，项目管理方法需要针对行业特点，建立适合行业特色的项目管理体系。依照项目管理理论，项目管理过程按阶段划分为启动、计划、实施、收尾。对任何一个项目，我们都可以依此进行阶段划分，这是项目的共性，而项目中的个性就是项目的业务和技术。对于具体的企业而言，项目阶段划分需要由业务流程和技术方法决定。项目管理方法的核心就是综合所有项目的特点，建立一套包括技术、工具、管理技巧在内的一站式服务指南和模板。这种将项目管理方法和业务流程相互配合，并在实践中进行优化的管理方法，就是项目管理方法。

（三）项目管理手册

项目管理方法的重要表现形式是项目管理手册，这是组织规范项目标准管理过程的重要手段。组织通过正确的决策、高效的流程、标准的操作、可控的过程，确保项目的有效实施。

项目管理手册内容的形成过程就是描述项目输入转变为输出的过程。项目管理手册将项目管理过程、项目实施支撑、项目监控方法以及项目作业指导，系统化地与项目管理理论、产品要求融入具体的操作实践过程。项目管理手册具体包括以下内容：

1. 项目过程控制阶段划分

项目过程控制通常需要考虑两类过程：一是按照项目的管理过程对项目过程进行阶段划分，二是按照项目的技术过程对项目过程进行阶段划分。企业的业务流程主要关注项目的管理阶段划分。项目管理者管理项目时，必须将项目的管理阶段划分和项目的技术阶段划分结合起来，进行项目管理。同时，项目管理者可以借助大数据技术，实施项目的数字化管理。

2. 阶段输入和输出

阶段输入和输出包括数据和信息、计划和报告、风险以及可以交付的成果等。

3. 过程控制

过程控制包括工作流程、工作方法、操作规则和作业指导。

4. 角色职责

在实践中，项目管理职责不能简单归于项目经理一个人，而是由一组角色共同完成。依照项目管理方法编制的项目管理手册，将项目实施过程中的项目管理方法与企业的业务流程、技术方法有机地结合起来，从而建立以项目管理为核心的业务流程。

第三节　项目管理的应用

项目管理在应用过程中具有系统化、程序化、模块化、规范化、制度化的特性，能为项目的成功实施提供全方位的保障。尤其是在管理手段上，项目管理有比较完整的技术方法，而且项目管理的方法、工具和手段具有先进性、开放性。

一、项目管理的特点与优势

项目管理是一种行之有效的管理方法，越来越多的企业引入项目管理的思想和方法，将企业的各种任务按项目进行管理，并为企业带来了新的经营活力。

（一）项目管理的组织具有柔性化

项目管理提供了临时性动态灵活的组织方式，能够改变其结构和资源来满足不同项目的变化的需要。其面向结果、面向产品、面向顾客的形式较好地适应了信息技术带来的变化，有利于企业在有限的资源的约束下，以适当的成本快速抢抓商机或应对危机。

（二）项目管理的思维具有系统化

项目管理的全过程都贯穿着系统工程的思想，有利于对复杂问题的集中攻关。面对交叉的综合性质的工作，项目管理能构筑各个领域之间的横向联系来加速工作和调和各职能部门任务的内在冲突和矛盾，能够对项目中的管理功能及多个组织单元的活动进行整合，从而及时有效地解决问题。

（三）项目管理的组织形式具有扁平化

项目管理强调成员的专业能力，项目组织模式是矩阵式的扁平化结构，最大限度授权于项目成员，保证项目成员的权、责、利三者结合，调动项目成员的工作积极性主动性和创造性。使项目目标的实现有坚实的组织资源保证。项目经理是将所有的工作努力汇集起来并指向单一的项目目标的关键，这种个人责任也是确保任务成功的先决条件。

（四）项目管理关注环境

项目管理使得企业内部上下级之间的距离大为缩短，打破了传统组织架构中的等级观念，组织结构向扁平化方向发展。鼓励相互尊重和创新的企业文化，项目成员能够进行全方位的沟通协调，增强了集体凝聚力，有利于集体决策的准确性，同时避免了工作过程的割裂和各环节信息传递的延误，进行高效衔接、协调、监督和控制，减少管理费用，提高利润率。

（五）项目管理具有明确的目标导向性

项目管理具有更好的工作能见度，更注重结果，有利于明确责任、分配资源、激励士气、提升绩效，便于评估、考核、总结、提高。

二、项目管理的注意事项

（一）成立项目组

没有项目组，项目管理就无从谈起。成立项目组一般涉及以下几个方面：项目背景、目标、领导组、执行组、时间表等。项目背景与目标比较容易确定，但是领导组与执行组的成立，就要考验项目组的智慧了。项目领导组组长是谁？在一般情况下，大项目都会找一个职位高、权力重的人担任组长。但是，这样的人一般事情比较多，很难真正参与到项目运作当中。项目组只需要组长把控一下方向、控制一下节奏，因此可以让组长进行全面授权，找一个职位稍微低，但是能够全身心参与到项目中的人担当组长的协助人。

项目执行组的人员安排往往涉及几个部门，就安排几个部门的负责人。虽然是部门负责人负责项目执行，但是在实际工作中，往往是部门负责人安排部门中一个人参与项目执行组。安排的这个人的工作情况需要及时通报部门负责人，如果不行，则需要及时换人。

（二）组织战略导向

一个项目组的工作目标不仅仅在于项目完工，还可能是了解公司重点工作是否发生变更，即公司的"风向"变了。原来企业高层对项目很关注，但慢慢变得不管不问了，这时项目负责人要注意项目是否要停止了。项目组的工作重点也不是一成不变的，某一个阶段需要做哪些工作、哪些工作是重点、哪些工作已经过时，项目负责人必须有高度敏感性。企业的风向可以从企业的工作例会上了解一二。

（三）项目规划与激励

一般来说，项目组成立的时候也会对项目进行规划与激励。项目组规划包括时间内容规划、项目分工、项目制度等。一旦项目启动，项目就进入运作当中，通知什么时间发文、物料什么时候到位、工作例会什么时间开始、市场部该做什么、渠道部该做什么，这些都要明确。项目激励不能少，许多项目管理者认为，项目组是公司安排的，不需要什么激励。但是，项目毕竟是员工"额外"的工作，必须有激励来刺激。因此，项目组以正向激励为主，小项目有小激励，大项目有大激励，谨慎使用负向激励。有时部分部门负责人参与不多，只是安排下属员工参与项目组。这个时候仍然需要激励，因为项目管理者的态度十分重要。

（四）严格督促

人都有一定的惰性，许多事情需要督促检查才能保证落实，没有督促就没有成果。督促不仅仅是直接面对面要求他人做事情，督促可以有多种方式。例如，项目例会、邮件群发、进度通报等。项目组中总会有些人勤快一点，有些人懒惰一些，这个时候就要奖励积极者，督促后进者。项目负责人可以通过阶段例会的形式进行奖励通报，做得好的人就应该及时获得奖励。

（五）勤于沟通

勤于沟通、敢于沟通，无论是对上还是对下，都是必要的。项目负责人要与高层领导做好沟通，勤于汇报工作，特别是在项目初期，要消除高层领导的顾虑。项目进入正常轨道后，沟通也不能少，项目负责人要让高层领导及时知道项目进度，使之心中有数。项目负责人要关心项目成员，除了督促外，还要谈心谈话，加强项目组成员之间的沟通。

（六）注意培养管理者的个人魅力

项目负责人一定要做到身先士卒，执行力强、作风优良、专业过硬。项目负责人率先垂范才可能去带动项目成员。

三、项目管理操作环节的问题

（一）企业思维的转换

从企业内部来看，企业、企业内部各单位、项目组三个层面要同心协力、同步推进。企业要建章立制，要制定标准；企业内部各单位要做好资源调配，要细化考核标准；项目组要强化执行力，要落实考核指标，要调动项目成员的积极性。从企业外部来看，企业必须建立和谐的关系，搭建好资源和信息平台，形成相互依存的生态圈。

（二）管理规则的制定

项目管理过程中涉及的资源众多，关乎的利益错综复杂。资源要整合，主动权要掌握，利益要保障，风险要规避，必须有保障性措施。企业要制定出规则，使项目相关方具有共同愿景。项目管理要增强全员法律意识。从某种角度来讲，法律是整个社会、每个行业、每个个体的共同规则。组织或个体只有知法、懂法，并很好地用法，才能够争取主动，维护合法权益。

（三）管理手段的创新

技术创新的步伐在某种程度上决定着项目管理的变革幅度和成效，是项目管理的灵魂。首先，项目管理者一定要增强自主创新意识，创新是一个不断积累、不断改进的过程，是一个由量变到质变的过程。其次，企业要创造性地借鉴与模仿。创新需要模仿，边实践边改进，特别是对投入少、周期短、见效快的技术。企业要虚心学习国内外成熟的技术和工艺，在高起点上创新，少走弯路。

服务创新的关键是要做出特色。企业要结合自身的资源，了解顾客的心理，深度挖掘顾客的潜在需求，下好服务这盘棋。企业要从服务的内容、方式、效率等方面创新，形成特色，体现差异化服务的竞争优势。企业要时刻把企业信誉、顾客满意放在首位，为顾客提供全方位的个性化服务，赢得顾客，赢得市场。

（四）项目价值空间的拓展

无论是何种项目，都要格外关注无形的服务价值问题，大力倡导"沟通创造价值，互动促进发展"的交流理念。无论是内部沟通还是外部协调，不管是对上级还是对下级，项目管理都要以真诚和尊重为本，实现有效沟通，拓展项目价值空间。

第四节　再生资源行业项目

随着城镇化发展战略的推进，我国城镇化进程迈入高质量发展阶段，城镇污水处理及基础管网设施建设成为城镇经济发展、生态文明建设的不可忽视的重要内容。

一、再生资源行业项目运作背景

国家对污水处理设施的运营标准要求越来越高，排放标准越来越严。人民群众对水环境改善的感知也逐步成为衡量污水排放的重要依据。污水处理提质增效、污水资源化利用已成为城镇污水治理行业发展的重要项目。

（一）污水处理项目的行业特性

市政污水处理没有明显的周期性和季节性特征，如果细分行业的投资决策、招投标、支付账款等流程具有一定的季节性安排，则会使污水处理行业表现出某些季节性特征。随着我国水资源紧缺和污染问题日益突出，废水零排放成为重大发展趋势，国家从发展战略的角度将不断加大对污水处理行业的支持，行业投资仍将稳定增长。

污水处理行业的客户可以分为工业客户和市政客户两类，我国工业重心偏向东部地区，污水处理的需求也较大；市政对污水处理的需求具有普遍性，人口聚集区的污水处理需求较大。

（二）污水处理项目的上下游问题

污水处理项目的前端包括原水收集与制造（水利工程）、自来水的生产和供应；后端包括污水处理、中水回用以及污水排放等。

污水处理项目的上游主要包括相关设备制造和电力供应等行业，下游主要包括政府相关职能部门，即特许机关。污水处理项目公司向特许机关提供污水处理服务并收取处理费。上游设备制造商具有较强的议价能力，其行业技术水平提升有利于污水处理行业降低成本、提高盈利能力。同时，行业的快速发展也将带动设备、电力等需求的增长，促进上游企业发展。此外，随着城市化进程的推进，污水处理需求日益增长。

（三）绿色低碳循环理念

"十四五"期间，各行各业将面临绿色低碳循环发展、经济逐步复苏步入高质量发展阶段、固体废物合规处置与利用、环保政策的挤出效应。展望未来，规模化再生资源回收企业利用其货源量大、稳定、拥有完善的分拣中心等优势，与相关企业建立紧密的合作关系，将形成协同发展、互利共赢的良好局面。

二、再生资源项目社会效益及绩效分析

再生资源项目充分发挥资源综合利用优势，引进先进技术和装备，变废为宝，实现资源的再利用和加工增值，同时带动废品加工行业的发展。污水处理项目建设符合国家的产业政策，属于国家重点扶持发展的项目。

污水处理项目实施后，可以有效解决污水处理难的问题。此外，污水处理项目还可以为社会提供部分就业岗位。污水处理项目的实施有利于促进经济与社会的协调发展，有利于循环经济的发展和清洁生产的开展，具有良好的社会效益和环境效益。

综上所述，污水处理项目符合国家及地方产业政策、市场前景广阔、社会效益显著。

三、水资源智慧化治理项目实施

进入"十四五"时期，我国逐步加大对水污染防治与水生态修复领域的治理力度，不断出台一系列补短板政策，针对城市黑臭水体治理、城镇污水处理提质增效、长江保护修复、黄河生态保护治理、重点海域治理、农业农村污染治理、地表和地下统筹水生态环境修复与智慧化管控、工业废水污染防治与资源化利用等方面重点发力。

（一）污水处理项目实施的数字化要求

无论是中小企业还是大型集团公司，企业管理者大多都已经意识到，更为高效的技术工具将为企业运营带来效率的提升。在第五代移动通信技术（5G）和人工智能（AI）的大背景下，企业的数字化转型更是被赋予了重要意义。

1. 数据整合和资源共享

数字化技术通过集中录入、自动抓取、线上传输等方式，将各地区各部门用水数据统一整合至平台数据库，避免出现数据重复采集、来源多头、存储差异等问题。

2. 数字赋能和强化预警

数字化技术加强水资源分析，利用大数据分析预测未来 30 天、90 天等水库蓄水量，并结合当前用水量及历年同期用水量，进行供需比较，对不能满足正常生活生产需要的情况分别予以红色、黄色预警。

3. 数据闭环和创新管理

数字化技术加强节水智控管理。以浙江慈溪为例，数字化技术全面掌握全市 32 个行业大类总计 2 210 家规模以上企业用水量，以行业工业增加值用水量为评价指标，以节水数据为纽带，建立用水效率分级分档管理机制，对企业取水、供水、排水监测数据进行闭环分析。数字化技术通过比对实时数据与历史数据，分析排水、用水比例关系，对企业用水情况进行动态跟踪。政府对高效率用水企业择优引导创建节水标杆，对低效率用水企业鼓励加大节水技改。数字化技术对企业用水异常情况第一时间追溯，并为非法取水取证定性提供依据支撑。为破解"水资源短缺"这一发展瓶颈，近年来，浙江慈溪借助数字化改革契机，积极打造"慈水节约"多场景应用，主要围绕水资源保障、水事务监管、水政务协同三大业务构建"1+3+8"应用体系架构，实现市域范围内全链条数据归集、结构化数据分析、精细化水资源管理，并为经济形势研判、水资源配置管理等提供决策依据。

（二）污水处理项目的实施方法

目前，城市污水处理企业可以通过"建设-经营-转让"（BOT）、政府和社会资本合作（PPP）、项目融资（TOT）等模式开展主营业务。BOT 模式在项目初期需投入大笔资金以完成项目建设，后续通过特许经营期的运营获得收入，收回投资并获得投资收益。TOT 模式是与业主签署资产转让协议，为业主提供投资、建设和运营等服务，并在项目所在地设立项目公司作为投资运营的主体，按照处理量和约定的价格收取处理服务费用，取得运营管理业务收入。

1. 项目立项

企业可以向地方政府递交标书，地方政府通过市场化招投标等方式，综合考虑项目报价、技术方案、投资商资本规模和经营业绩等各种因素，并就项目建设运营的具体细节、处置费定价等商业条款进行谈判，选定合适的投资商。企业拥有丰富的项目经验，能实现项目的可靠运行，在项目投资环节具有显著优势。中标后，企业与特许经营权授予方签署草签文本，待项目公司成立后，由项目公司与特许经营权授予方签订正式特许经营协议，负责项目的投资及后续建设、运营。

2. 项目建设

项目建设环节阶段涉及大规模资金投入，除了进行项目设计、工程施工、设备采购及安装、项目调试、试生产及竣工验收等工作外，还需完成环保方面的审批，主要包括向主管部门申报建设项目环境影响报告书并获得批复、申报试运营并获得通过、申请项目竣工环境保护验收并获得通过等。大型企业具有全产业链一体化的运作优势，在项目建设的主要业务环节积累了丰富的知识和经验，与具备专业资质的工程设计院、设备材料供应商、工程建设服务商等单位建立了良好的长期合作关系，能提供高效的项目建设服务，并可以合理安排建设工期，加快项目建设速度。

当项目所需的全部设备和设施安装完毕后，企业参与整套系统的调试及试运行，结合调试结果对系统进行优化完善，确保整套系统的处理能力和污染控制能力等各项运行技术指标满足测试要求，达到使用状态并完成初步验收。收到初步验收合格证后，企业经过一段时间稳定性运营，按相关规定对项目的运营质量进行测试并完成最终验收。

3. 项目运营模式

运营期间，由于国家环保政策和产业政策调整、物价指数等变化使企业的生产成本和收入发生变化时，企业可以按照 BOT 协议的约定相应调整垃圾污泥处置费。

市政污水处理项目在特许经营期间，企业按照污水处理量和约定的水价收取水处理服务费用，取得污水运营管理的业务收入。运营期间，企业可以根据 BOT 协议约定的调价机制调整水价。特许经营权到期后，在协商一致的情况下企业与政府可以续约；如未续约，企业将项目正常运行的固定资产及配套资产全部无偿移交给政府。

第九章

污水处理企业内控管理
与安全保障

企业内部监督机制决定了企业管理模式的发展方向。企业内控管理从完善企业预算的监督与管理入手，通过有计划的、有组织的经营管理活动来保证企业的管理效率。同时，科学且合理的企业内控管理应当纳入监督体系中，使得控制环节在监督机制下有序运行。企业管理层应明确企业在生产、经营与管理中的各类经济关系，充分体现企业的综合优势，进而增强企业的核心竞争力，促进企业可持续发展。

第一节　内部控制与内部审计制度概述

1972 年，美国审计准则委员会（ASB）发布《审计准则公告》，对内部控制提出了如下定义：内部控制是在一定的环境下，单位为了提高经营效率、充分有效地获得和使用各种资源，达到既定的管理目标，而在单位内部实施的各种制约和调节的组织、计划、程序、方法。内部控制由五个基本要素组成，决定了内部控制的内容与形式。

一、内部控制概述

（一）内部控制的概念

内部控制是指一个单位为了实现其经营目标，采取的自我调整、约束、规划、评价和控制的一系列方法的总称。内部控制是企业为了实现既定的长期战略目标而采取的各种控制管理措施，使企业管理工作朝着预期方向发展，提高工作效率和工作质量。从本质上来说，内部控制是一种管理理念和管理机制，以风险管控为核心目的贯穿企业管理的全过程。

内部审计是内部控制中的重要一环。相对于外部审计而言，内部审计是指运用系统、规范的方法，审查和评价组织的内部管理及业务运行风险等，以期促进组织目标的实现而采取的一系列审计活动。

（二）内部控制与内部审计的关系

内部控制是公司安全、合法、完整运营的重要保证，它为企业战略目标的实现提供了支持，也是战略目标实现的重要因素。内部控制是内部审计的基础，是内部审计顺利完成的前提。内部控制不完善，内部审计开展的难度增大。离开内部控制，内部审计无法有序进行。内部审计是内部控制的重要组成部分，内部审计可以起到趋利避害的作用，保护企业利益；同时，内部审计对内部控制有"净化功能"，可以对企业运营情况进行检验，对管理活动进行评估，发现不足，提出改进对策，净化内控环境。

（三）企业内部审计制度构建的必要性

随着规模不断拓展，企业需要及时掌握企业内部的全部信息，保证财务数据等资源的完整性，为企业决策管理提供重要依据。加强内部控制，发挥内部审计的作用，对企业发展具有重要意义。内部审计是内部控制的重要组成部分，其职能更加突出，即通过专业化的审计监督，在企业发展中发挥着重要监督作用，为企业整体利益的实现提供安全保障。

1. 有利于保证内部审计部门的权威性

内部审计与外部审计有很大区别，内部审计制度建设的目的是针对企业内部，为企业管理决策提供审计服务。企业在面对业务不断发展的情况下，需要一个独立机构对企业运营进行再监督，发现内部管理中存在的问题，并运用专业的方法加以解决。临时机构开展内部审计工作，内部审计的权威性会受到挑战，审计的独立性无法体现出来，审计效益难以发挥。

因此，企业可以设置常规审计部门，由企业直接领导，独立开展审计工作。企业通过加强内部审计制度建设，构建完善的内部审计体系，对业务进行全程、全方位审计监督，将内部审计职能的权威性充分展现出来，从而在企业中更好地发挥监督作用。

内控管理是企业为保证经营管理活动正常有序运行而采取的对财务、人、资产、工作流程实行有效监管的一系列活动。企业内控要求保证企业资产、财务信息的准确性、真实性、有效性、及时性；保证对企业员工、工作流程、物流的有效的管控；建立对企业经营活动的有效的监督机制。

2. 有利于提升企业内部审计工作的效率

企业配置了专业的内部审计部门，组建了专业的内部审计班子，构建了规范化的内部审计制度、标准化的内部审计流程，从而保证了内部审计工作的专业性，对内部审计行为进行规范。在污水处理企业规模逐步扩大的情况下，内部控制显得更加重要。企业应当结合内部的管理现状，制定规范化的内控管理制度，规范企业内部的运营行为，为企业稳健发展提供制度保障。

内部审计部门通过制订健全的内部审计工作方案，报经企业领导层认可后有序组织实施。与外部审计相比，内部审计由于与企业利益更为融合，对企业的业务运行模式更为熟悉，加之内部人员关系熟悉，有利于内部审计工作更好地开展，使内部审计效率更高。同时，内部审计的范围更广，不仅涉及财务问题，还涉及非财务问题，包括内控制度缺陷问题等，都在内部审计范围之列。对内部审计发现的问题，内部审计部门可以提供的解决方法更多，更有利于内部接受，从而取得更好的效果。

3. 有利于内部审计部门及审计人员增强责任心

内部审计部门有着相应的内部审计职能，受到企业管理层的考核管理与有效制约。内部审计部门及内部审计人员如果不按内部审计流程运作，违反内部审计制度，就会受到相应处罚。内部审计部门及内部审计人员在对企业业务进行内部监督的同时，也要受到内部管理的制约，必须切实履行内部审计职责，充分发挥内部审计的作用，为企业的安全保障承担一定的责任。

因此，企业通过构建独立的内部审计部门，配备专业审计人员，可以增强他们的责任感，严格执行内部审计制度，在内部审计活动中规范自身从业行为。企业通过组织内部审计业务培训，帮助内部审计人员提高综合素质，加强内部审计人员激励机制建设，以激励内部审计人员加强业务学习，在开展内部审计业务中坚守底线，加强审计分析，提高内部审计质量，起到防微杜渐的作用，做好风险防范工作。

二、集团企业内部控制

污水处理企业必须十分重视内部审计制度建设，构建完善的内部审计体系，让内部审计在集团企业内控管理中发挥主导作用，对集团企业内部业务活动实施全方位的审计监督，加强运营风险防范，为集团企业安全发展保驾护航。

（一）集团企业内部控制中存在的主要问题

不少集团企业对内部控制建设未引起足够重视，内部审计的作用没有充分发挥出来，影响着集团企业运营效率的提升，并给经营管理带来较大的风险。从内控实践来看，集团企业的内部控制存在诸多问题，主要表现在以下几个方面：

1. 内部控制环境有待进一步完善

从企业发展到集团企业，组织架构与管理模式发生了很大变化，对内部控制的要求进一步提高，需要内部控制充分发挥作用，强化内部管理，促进集团企业运营效率的提升。然而，在内控实践中，一些集团企业对内部控制的重要性没有引起高度重视，公司治理结构尚待完善，现代企业制度尚未完全建立，虽然形式上构建了集团企业组织架构，但在组织管理、责任分工上并不明确，集团董事会、管理层与监理层责任不分、职能存在交叉，相互制约机制不足，决策机制与内部监管体系弱化，没有健全的内部控制环境。

2. 内控制度及内部控制体系尚需优化

集团企业由于规模大、管理模式多样化，对内控制度建设的要求有很大差异，需要有健全的内部控制体系，为集团企业业务与管理规范运行提供制度保障。一方面，集团企业需要有一支强有力的执行团队加强运营监督，确保集团企业决策得到及时落实，促进集团企业内部在管理理念上的统一，从而实现集团企业的终极目标；另一方面，集团企业需要有一套规范化的内部控制制度及内控运营流程，为内部执行提供依据，确保内部运营规范化，减少"人治"因素干预，从而让内控制度的作用充分发挥出来。从管理实践来看，一些集团企业中的制度化因素相对较弱，一些制度生搬硬套，与管理实践并不相符，内控制度的针对性差，削弱了制度的约束力。

3. 风险理念没有在内部控制中得到落实

随着市场竞争日益激烈，集团企业面临的风险更大，内控管理压力更大。同时，由于业务复杂多样、管理难度加大，影响集团企业快速发展的风险因素日益增加，潜在风险防不胜防，主要风险识别难度加大。一些集团企业出于业务拓展的需要，为了快速抢占市场，在发展中采取了过激行为，没有树立风险管理理念，忽视了潜在风险的存在，从而给集团企业带来重大损失。例如，在投资过程中，一些集团企业在决策时只看到投资项目中回报高、收益大的优势，而忽视了高收益背后的高风险，对市场没有进行全面调查，未能加强风险评估与风险防控，从而导致投资失误现象时有发生，对集团企业的发展造成极大危害。

4. 信息渠道传递不畅通

如今的竞争，在很大程度上是信息资源的竞争，谁掌握了市场上的主流信息，谁就在市场上占有主动权。因此，信息渠道建设对集团企业发展至关重要。面对庞大的信息资源，集团企业如何进行有效处理显得十分关键。在管理实践中，不少集团企业的信息渠道较为狭窄，没有健全的信息搜集与处理系统，信息资源由各个子公司与部门掌握，而没有进行信息资源的有序整合。信息需要通过不同层级逐次传递，不能进行及时沟通，从而影响了传递时效。市场机会稍纵即逝，如果信息资源传递不畅，集团企业不能及时抓住发展机遇，失去了快速响应市场的时机，影响了集团企业快速发展。

5. 内部审计监督职能尚待进一步完善

随着集团企业各项业务的快速增长，集团企业内部管理的压力大增。一方面，财务部门的监管职能存在很大局限，集团企业应从财务监督管理向业务监督管理方向拓展，做好业财全方面监督管理，而监督管理的重点在于事中跟进与事后监督。监督能力弱则难以满足集团企业决策与管理的需要。另一方面，集团企业没有充分发挥内部审计职能，主要是没有开展常态化的审计工作，内部审计存在较大的局限性。部分集团企业内部审计的职能模糊，内部审计独立性差，主要开展一些临时性审计工作，审计范围狭窄，审计重点放在事后，没有发挥事前审计、事中审计的作用。此外，审计力量薄弱，导致审计质量不高，内部审计效果难以体现出来。

（二）集团企业内部审计制度构建的策略

内部控制不仅是企业加强内部管理的需要，也是做好企业风险防范的需要，还是增强企业竞争力的需要。对于集团企业来说，由于其组织管理体系更加复杂，完善的内部控制对集团企业的发展意义重大。

1. 增强内控观念，优化内部审计工作的环境

完善的内部控制是内部审计发挥作用的重要保证，也是集团企业发展的重要基础。集团企业必须增强内控观念，加强内部控制。

（1）完善公司治理结构。集团企业要以现代企业制度建设为契机，对公司治理结构进行优化，对董事会、监事会以及经理层等的职责权限进行科学分工。集团企业要对管理现状进行分析，组织权责进行科学分配，以保障平稳发展为标准，提高内部控制的有效性。

（2）在内部控制建设中，集团企业要采取组织架构相互牵制，防止权力过于集中，对决策带来危害。同时，集团企业要防止管理层中职位重叠、责任分工模糊，导致内控职能削弱现象出现。

（3）重视内部审计制度建设。集团企业应当组建独立的内部审计部门，直接隶属于董事会，履行独立审计的职责，使之成为内控建设中的关键一环，发挥内部审计部门的监督作用。

2. 加强内控制度建设，构建完善的内控体系

集团企业应当从业务层面和管理层面入手，对现有的运营模式进行详细分析，查找内部薄弱环节，完善内控体系。一方面，集团企业要对内设机构及其运行模式进行分析，实行精简、优化，促进管理效率提升；另一方面，集团企业要做好内设岗位评估，对岗位与人员进行配比分析，按照部门牵制、岗位相互监督的运行模式进行职能分配，不断优化内控体系，加强内部风险防范。集团企业要对关键岗位进行重点监督，纳入内部审计监管的重点，进行常态化的审计监督。同时，集团企业要进行科学授权管理，建立规范的授权审批机制，防止权力被滥用。

3. 树立风险理念，做好审计内控监督

在市场经济形势下，集团企业在发展中遇到的各类风险较多，表现形式十分复杂，有的风险潜伏期较长，因此难以被及时发现。当风险发生时，其对集团企业造成的危害极大。集团企业在发展过程中，必须牢固树立风险理念，增强风险意识，通过加强内部审计监督提供风险预警，加强内控风险管理。集团企业应当对核心业务的运营模式进行模拟，分析运营中可能出现的风险点，借助审计方法加以评估，对风险进行有效识别、判定，从而制定相应的防控措施。集团企业要对风险的等级做好划分，通过审计进行科学应对，采用有效的控制策略，将风险降低至最低限度。集团企业要对关键岗位进行跟踪审计，实行常态化审计监督，将重大业务事项交由内部审计进行审核把关，运用审计专业工具做好风险识别工作，从而防患于未然，保证重大业务运行有安全保障。

4. 做好信息搜集与管理工作，加强内部审计信息渠道建设

集团企业内部掌握的信息资源较多，做好信息搜集与管理工作至关重要。因此，集团企业可以有效利用内部审计职能，对集团企业内部各种信息资源进行全面搜集与管理，通过审计方式做好信息分析，为集团企业管理与决策提供重要依据。例如，在集团企业的投资活动中，内部审计可以参与进来，对投资项目进行审计分析、评价，发挥审计专业优势，为投资决策提供服务。

集团企业要加强内部审计信息渠道建设。一方面，集团企业要组建内部审计系统，运用信息化管理方式提高审计工作效率，加强内部审计信息的有效传递；另一方面，内部审计系统要与财务系统、业务系统等核心系统进行无缝对接，对财务、业务进行全程监督，实现信息资源共享，从而提高内部审计工作的精准度，提高内部审计

时效，促进集团企业内控效率提升。

5. 构建完善的内部审计体系，全面发挥内部审计监督作用

集团企业要全面发挥内部审计的职能作用，还需要做好内部审计体系的构建，要建立自上而下的内部审计机构，实行垂直管理，保持内部审计独立开展工作，不受外界干扰。集团企业在集团层面可以设立审计部，子公司设立审计科，独立单位设立审计专员等，对集团企业所有独立核算机构、所有业务流程进行全覆盖，实行全程监督。集团企业要明确内部审计体系中各个机构的审计职责及审计范围，制订审计工作方案，从事后、事中向事前跟进，实行审计关口前移。

集团企业要落实审计责任制度，建立审计激励机制，促使审计人员重视内部审计工作质量的提升。对内部审计成效显著的审计人员，集团企业要加大奖励力度，在晋升晋级方面给予优先考虑，促使他们在内部审计中积极创新，灵活运用审计方法，提高信息资源的利用率，促进审计效率提升。

此外，集团企业要确保审计决定得到有效落实，对内部审计部门做出的决定，经董事会批准后，被审计单位必须执行，认真落实整改，从而推动集团企业稳健发展。

在集团企业的发展过程中，内部控制制度需要不断完善，才能更好地优化内部管理，促进运营效率提升，保证效益增长。因此，集团企业必须高度重视内部控制建设中的问题，通过设立独立的内部审计机构，构建完善的内部审计体系，规范内部审计工作流程，在集团企业内部开展常态化的内部审计工作，不断提高内部审计工作质量，努力解决集团内部管理中的问题，使内控制度不断完善，为集团企业整体效益提升提供重要保障，助推集团企业发展战略目标快速实现。

第二节 国有企业内部控制体系

随着经济的不断发展，企业面临的管理问题会逐渐暴露，企业之间的竞争压力会不断增加。国家为了促进社会经济稳步发展，提出了各项改革措施。在变化速度如此之快的市场环境和政策环境下，国有企业必须要肩负起经济建设领头羊的重任，降低内部管理风险，提高市场竞争力，维护好国家经济发展秩序。目前，污水处理企业大多是国有控股公司，管控措施是否落地，直接决定该类型企业未来的发展好坏。

一、内部控制体系需要解决的问题

目前，国有企业依然在内部控制体系建设方面存在一些问题，如组织机构及权责分配不合理、制度设计及执行存在缺陷、风险管控缺乏长效机制、内部监督力度不足等，因此有必要对其进行分析探讨。

（一）组织机构及权责分配不合理

对于国有企业内部控制工作而言，内控管理的核心机制就在于以权责分配来加强责任落实，以此实现企业对执行工作有效控制的目的。但是，一些国有企业存在组织机构及权责分配不合理的问题，具体表现在以下几点：

1. 人员职责不清晰

一些国有企业在内部控制工作开展之初，并未设立内控管理部门，而是由财务部门全权负责该项工作内容。由于缺少专人推动，再加上领导对内控的重视程度不够以及财务人员专业能力的限制，内部控制并未在企业管理工作中发挥作用，最终流于表面形式。

2. 内涵机制认识深度不足

一些国有企业对内部控制的内涵和机制的了解程度不够，认为内部控制就是加强日常监督管理，并未将责任划分这一机制真正落实到管理工作当中，使得日常执行工作仍然存在部门之间责任模糊不清的情况。一旦出现问题，部门成员往往互相推卸责任，不仅对企业内部团结带来很大影响，并且造成工作推进缓慢。

（二）制度设计及执行存在缺陷

制度体系是一项工作开展的基础前提，有明确合理的制度，执行工作才能有据可依。因此，制度设计与人员执行工作密切相关。但是，一些国有企业出现制度设计及执行存在缺陷的情况，具体表现在以下几点：

1. 缺乏执行依据

虽然一些国有企业建立了一套内部控制制度体系，但是该制度并未结合自身发展现状和客观条件，而是直接照搬其他单位的制度内容，导致制度体系无法在实际管理工作中发挥作用，人员开展工作缺乏执行依据。

2. 在决策审批方面存在不合规的情况

一些国有企业存在重大决策和审批流程不合规的情况，比如"三重一大"事项未按规范流程决策，或者未能识别出应属于"三重一大"的事项，漏签、补签或以联签代替开会决定，使得企业的内控制度难以贯彻执行，从而流于表面形式。

3. 财务人员法律意识有待增强

一些财务人员对于会计准则及财经法规的了解不足，使得编制的财务报表存在缺陷。财务人员出于绩效考核的目的，对财务报表的内容进行随意调整，忽视了企业的长远利益，使得企业管理工作受到人为因素的干扰。

（三）风险管控缺乏长效机制

企业开展内部控制的主要目的在于风险管控，以此来确保企业的稳定健康运营。但是，一些国有企业存在风险管控缺乏长效机制的问题，具体表现在以下几点：

1. 风险管控未能实现全员参与

这一点的本质原因在于人员的风险管控意识不足。国有企业与民营企业的一大不同之处在于，国有企业拥有国家政策和资源倾斜，市场竞争压力相对较小，对风险管控工作不够重视，使得风险管控工作并未在企业内部高效开展。

2. 风险管控有漏洞

虽然部分国有企业构建了风险管控机制，但是由于风险识别不全面，存在重大漏项，使得管控范围没有覆盖企业存在重大风险的管理工作，最终导致企业风险管控工作发挥作用有限。

3. 内控与信息技术结合不足

当前，国有企业普遍开始将信息技术应用到管理工作当中，但是却并未将风险管控工作与信息技术有效结合起来，依然采用人工方式来预测风险和应对风险，风险管控工作效率低下。

（四）内部监督力度不足

一些国有企业明显存在内部监督力度不足的问题，具体表现在以下几点：

第一，一些国有企业并未设立内部审计部门，而是由财务部门负责审计监督工作。这种做法直接将财务审核权和财务监督权集中到一个部门当中，违背了关键岗位不相容原则，导致企业监督审计力度大大减小，为财务舞弊等违法违纪行为的出现创造了条件。一些国有企业尚未建立集团化会计信息控制系统，集团总部和下属子公司的管理系统处于碎片化管理状态，企业管理工作产生的数据信息并不能得到实时动态更新，因此信息沟通共享效率低下。

第二，一些国有企业的审计部门在开展审计工作时，并未全程对执行工作进行监督管控。内部审计只是参与部分工作环节的监督，未能及时发现执行工作中存在的问题。在数据传输共享方面，一些国有企业构建的信息系统过于粗放，各个部门采用不同型号、品牌的信息系统，使得信息系统之间数据格式不兼容，因此出现了系统运行不畅的情况，没有达到预期效果。

第三，一些国有企业的审计部门独立性不足，致使在开展审计工作时，受到其他管理人员的干涉，无法确保审计结果的准确性和真实性。

二、优化国有企业内部控制体系的策略

内部控制体系的内容包含五大要素，即控制环境、风险评估、控制活动、信息沟通以及内部监督。其中，控制环境是内部控制开展的基础，包括企业文化、制度以及权责分配等；风险评估是主要目的；控制活动是指对执行工作进行强有力的控制；信息沟通是企业各部门协调合作过程中必然涉及的活动；内部监督贯穿整个管理工作，确保执行工作按照规范要求完成，并对工作结果做出分析评价。

（一）完善内部控制环境

为完善内部控制环境，国有企业需要做好以下几个方面的工作：

1. 树立企业内部控制理念

企业领导要学习内部控制的基本理论知识，对其有一个正确的理解，认识到内部控制工作的重要性，并将其应用到实际管理工作当中，自上而下地将管理理念传达到下属部门和子公司当中，营造良好的内部控制环境，为后续内部控制工作开展营造良好的环境。

2. 完善企业内部控制组织机构

随着国有企业业务规模的不断扩大和管理要求的不断提升，国有企业需要对其组织机构进行完善以满足目前的管理需求，实现企业管理的规范化和精细化。国有企业要将风险管控工作常态化，设立专门的风险管控部门，或者定期聘请外部专业机构对企业的经营风险进行评估，及时识别企业的风险，并采取相应措施进行规避。

内部控制工作的推进，需要企业设立专门的内部控制部门或专门的岗位，负责好内部控制的各项工作，并定期监督企业内控制度是否得到有效执行，对出现的偏差及时纠正。

（二）优化内部制度建设及执行工作

为优化内部制度建设及执行工作，国有企业需要做好以下几个方面的工作：

1. 充分调研，总结经验

国有企业在构建内部控制制度体系之前，应当做好充分的调研准备工作，包括了解当前企业内外部管理环境、企业当前发展现状、资源条件以及战略方向等，结合客观条件建立合理的制度体系，确保建立的内部控制体系能够在当前内控管理工作中发挥应有的作用。如果缺乏实践经验，国有企业可以外派高层管理人员前往同类型国有企业中学习其管理经验，或者聘请专业的咨询公司进行指导设计，并将经验心得与企业客观情况相结合，不能直接照搬制度内容，避免制度成为推进内部控制工作的主要障碍。

2. 责任到人，科学决策

在进行决策审批时，国有企业需要完善企业决策审批流程以及相关人员的职责范围，确保企业决策、审批以及下达等各个工作环节的责任都能具体落实到人，以责任加强人员之间的协调配合和监督制约，确保内部控制制度能够真正在管理工作中落实下来。

3. 加强培训，重视人才

国有企业应加强对管理人员的培训，使其成为复合型管理人才，在开展内部控制工作中，能够对业务工作中出现的问题有正确的判断，以此促进执行工作的顺利进行。

（三）健全风险管控机制

健全风险管控机制对国有企业加强自身风险管控工作极为重要，国有企业需要从以下几个方面健全风险管控机制：

第一，增强风险管控意识。对于国有企业风险管控工作而言，风险管理意识尤为关键，但时常出现企业人员无视风险危害，给企业带来巨大损失的现象。为了避免这类情况的发生，国有企业需要加强思想宣传工作，通过开展专题会议或知识讲座等形式，使企业员工明确认识到风险给企业带来的巨大危害，从危害和责任两个方面使企业员工认识到风险管控的重要性，从而对风险管控工作重视起来，为风险管控工作常态化打下良好的思想基础。

第二，风险管控高效覆盖。同企业内部控制工作一样，风险管控也需要将企业视为一个有机系统，将核心机构、工作内容纳入风险管控范围，实现风险管控整体化、系统化，避免因遗漏某个工作环节，导致风险因素潜藏在企业内部。

第三，国有企业应当将信息技术与风险管控工作结合起来，借助信息技术构建风险数据库，将企业常见风险和遇到过的风险类型收纳到数据库当中，对其分析处理之后，生成风险预警数据模型，从而快速对风险作出反应，实现企业风险管控的智能化和自动化。

（四）建立有效的信息控制系统

为建立有效的信息控制系统，国有企业需要做好以下几个方面的工作：

第一，建立集团化信息管理系统。随着现代化科学技术的发展以及产业的不断扩张，企业管理层对数据分析的要求越来越高。因此，国有企业需要对信息系统建立工作重视起来，搭建完善的信息共享平台，将下属部门和子公司的信息系统连接为一个整体，实时完成数据传输。

第二，企业在购置信息系统设备之前，需要对信息系统设备的型号和品牌进行统一，确保各部门系统数据传输格式一致，使企业人员能够快速识别系统传输的信息内容，提高数据信息的使用效率。

（五）强化内部控制监督

为强化企业内部控制监督工作，国有企业需要做好以下几个方面的工作：

1. 加大内部监督力度

为了保证企业内部控制活动顺利进行，企业管理层需要设立内部审计部门，由审计人员专门负责审计监督工作；严格遵循关键岗位不相容原则，将财务审核权和监督权分离开来，在减轻财务部门工作负担的同时，确保审计工作由专人负责推进；稳步推进审计工作，减少企业财务舞弊等违规行为。

2. 审计监督全程进行

审计监督人员需要全程监督管控执行人员的工作过程，确保其严格按照既定的规范要求完成本职工作；对存在的问题要及时指出，并提出合理改进建议；定期将工作反馈给企业高层，由企业高层对阶段性工作结果做出批示。

3. 提高审计部门的独立性

企业高层应当明确审计监督工作的特殊性，赋予审计人员必要的独立性和权威性，使其完全独立于其他管理机构，不受任何部门及人员的管辖，直接对组织的董事会或最高管理层负责，保证审计工作能够按照规范流程顺利完成，确保审计结果的准确性和真实性。

国有企业开展内部控制工作，能够有效提升自身管理水平，帮助企业降低内部管理风险，提高内部资源使用效率，为企业未来发展奠定良好的物质基础和思想基础。因此，国有企业应当对内部控制体系的构建工作引起高度重视，不断完善内部控制环境，加强财务制度建设，健全风险管控机制，建立集团信息控制系统，完善内部控制监督评价机制，使内部控制体系能够真正在企业管理工作中发挥其应有的作用。

第三节　企业安全管理

安全具有社会属性和自然属性。自然属性属于人类生存和发展的基本需求，与人的生理和心理密不可分；社会属性是指人类进行的一系列有组织的社会活动。安全作为实现社会稳定进步的重要标志，对人类活动有积极的促进作用。

一、企业安全管理的主要任务

在安全管理活动中，企业应以习近平新时代中国特色社会主义思想为指导，全面贯彻党的二十大精神，深入贯彻习近平总书记关于安全生产的重要论述，认真落实上级安全生产工作决策部署，树立安全发展理念，强化底线思维和红线意识，坚持问题导向、目标导向和结果导向，深化源头治理、系统治理和综合治理，切实在转变理念、狠抓治本上下功夫，完善和落实重在从根本上消除生产领域事故隐患的责任链条、制度成果、管理办法、重点工程和工作机制，建立安全预防控制体系，建立安全生产治理体系，促进专项整治取得积极成效，杜绝重特大事故，实现事故起数、死亡人数、较大事故起数同比下降，全面维护好人民群众生命财产安全和推动经济高质量发展。

（一）开展学习宣传贯彻活动

企业要认真宣传贯彻习近平总书记关于安全生产的重要论述，开设专题专栏，推出重点报道、学习文章、访谈评论等。企业应结合"安全生产月"活动，以多种方式开展宣讲工作，积极推进安全宣传工作。企业应组织全体职工，开展集中警示教育。

（二）完善企业安全生产管理制度

企业要依法建立健全安全生产管理机构，配齐专（兼）职安全生产管理人员，如从业人员在 300 人以上的建筑施工企业和从业人员在 1 000 人以上的其他企业，设置安全总监，成立安全生产委员会，并建立相应的奖惩制度。企业应持续提升安全管理科学化、专业化、规范化、智能化水平，建立安全管理团队。

企业要通过自身培养或市场化机制，建立安全生产技术和管理团队或外部在线服务专家团队，达到企业安全管理组织架构健全、人员配备合格达标。企业要加大安全投入，保证安全生产条件必需的资金投入，确保足额提取、使用到位。企业要加强从业人员劳动保护，配齐并督促从业人员正确佩戴和使用符合国家标准或行业标准的劳动防护用品。企业要建立健全安全教育培训制度，保证从业人员具备必要的安全生产知识，熟悉安全生产规章制度和操作规程，掌握岗位操作技能。企业要充分利用国家职业技能提升行动支持政策，重视企业安全人才培养。

（三）完善安全生产风险管控与隐患治理双重预防体系

企业要依据《企业安全生产标准化基本规范》（GB/T 33000—2016）等国家标准，结合行业专业标准化评定标准，完善企业安全风险防控机制，形成风险辨识管控清单，并持续更新完善，实现"一企一码一清单"，从组织、制度、技术、应急等方面有效管控安全风险。企业应完善风险警示与报告制度，强化危险源监测和预警，对存在重大安全风险工作场所和岗位，要设置明显警示标志，并开展员工风险知识及应急处置专题培训。企业应完善企业安全隐患排查治理机制，制定隐患排查治理清单，逐一分解落实责任，推动全员参与。

（四）加强重大事故隐患治理部门报告

隐患治理要做到责任、措施、资金、时限和预案"五到位"，实现闭环管理。为提升双重预防体系创建水平，企业要持续加强风险管控和隐患治理，建立符合自身风险管控实际、与日常安全管理相适应的双重预防体系。

企业应建立信息畅通，全员参与，规范有效，可考核、可智控、可追溯的预防体系；完善隐患治理"一张网"信息化管理系统，做到自查自改自报，实现动态分析、全过程记录管理和评价，防止漏管失控。企业风险管控和隐患治理应实现制度化、规范化、常态化。

二、安全管理的基本流程

（一）预期目标

企业安全管理可以通过以下四个方面来到达预期目标：

（1）分析，即分析导致不安全行为的原因

（2）控制，即开发制定控制措施或系统

（3）沟通，即把系统要求传达给业务部门和每个人。

（4）实施和监测，即实施控制措施，监测控制效果。

（二）安全管理文化

社会在不断发展，现代企业管理理论、技术与方法也已经有了巨大的变化，因此安全管理的理念也必须改变，必须跟上社会发展的步伐，与企业其他职能部门（质量、生产、技术等）相协调，与企业文化、管理理念融为一体。

企业应该努力营造一种开放、领导重视、员工积极参与的安全管理文化气氛。像过去那样仅仅依赖安全防护设备、安全程序和强制命令来进行安全管理，是不能紧跟时代步伐的，更难以实现安全绩效的持续改进。

三、安全管理的有效性

安全管理专业人员的核心任务是寻找导致事故发生的管理系统出了什么问题？如何寻找？这引导安全管理专业人员注意安全管理的系统性，而不仅仅是安全行为和状态。企业应通过分析管理系统来确定如何才能有效地控制事故发生。安全管理专业人员可以通过以下提问，来分析企业安全管理系统的有效性：

公司的安全管理方针是什么？

公司安全管理部门的职能是什么？

公司是如何进行安全管理的？

安全生产岗位责任制如何确定？

如何衡量安全管理的绩效、使用什么指标？

怎样选聘遵循安全规则的员工？

如何激励管理者？

第十章

污水处理企业绩效管理

企业绩效管理（EPM）是指支撑战略执行过程的一系列管理过程与管理工具。企业绩效管理可以包括通常意义上的过程绩效管理，即各级管理者和员工为了达到组织目标共同参与绩效计划制订、绩效辅导沟通、绩效考核评价、绩效结果应用、绩效目标提升的持续循环过程。

第一节　绩效管理概述

绩效管理强调组织目标和个人目标的一致性，强调组织和个人同步成长，形成共赢局面。绩效管理体现着"以人为本"的思想，在绩效管理的各个环节中都需要管理者和企业员工的共同参与。

一、绩效管理的概念

绩效管理是指各级管理者和员工为了达到组织目标，共同参与的绩效计划制定、绩效辅导沟通、绩效考核评价、绩效结果应用、绩效目标提升的持续循环过程。绩效管理的目的就是持续提升个人、部门和组织的绩效。

（一）绩效管理的目标

目标设定是绩效管理的第一步，也是企业员工在工作中需要追求的具体目标和计划。目标应该具体、明确、可衡量，并且是员工个人和企业整体发展的一部分。目标设定要求企业对员工岗位和职责进行充分的了解，以确保所定目标的合理性和可操作性。

1. 决策规范性

绩效管理要提高决策层工作的规范化和计划性。

绩效管理要改善或明晰管理层次的逻辑关系，从而减少单位（部门）摩擦，提高组织运行效率。

2. 强化责任感

绩效管理要让所有员工肩负责任，时时有事做，事事有目标。绩效管理是一个系统工程，关键绩效考核指标（KPI）分解是核心，层层分解的指标就是各个层次员工的具体工作。

3. 疏通发展渠道

通过绩效测评，企业实现奖优罚劣，构建和谐的企业激励文化，实现优胜劣汰，增强员工的凝聚力和向心力，畅通员工发展渠道。

（二）绩效管理的分类

按管理主题来划分，绩效管理可分为以下两大类：

1. 激励型绩效管理

激励型绩效管理侧重于激发员工的工作积极性，比较适用于处于成长期的企业。

2. 管控型绩效管理

管控型绩效管理侧重于规范员工的工作行为，比较适用于处于成熟期的企业。

二、绩效管理的过程

绩效管理的过程通常被看成一个循环，这个循环分为四个环节，即绩效计划、绩效辅导、绩效考核与绩效反馈。

（一）绩效计划

绩效计划的制订是绩效管理的基础环节，不能制订合理的绩效计划就谈不上绩效管理。

绩效计划的制订过程是被评估者和评估者双方对员工应该实现的工作绩效进行沟通的过程。双方将沟通的结果落实为订立正式书面协议（绩效计划和评估表），该书面协议是双方在明晰责、权、利的基础上签订的一个内部协议。

绩效计划的设计从公司最高层开始，将绩效目标层层分解到各级子公司和部门，最终落实到员工个人。对于各子公司和部门而言，绩效计划的制订过程即为经营业绩计划过程；对于员工而言，绩效计划的制订过程即为绩效计划过程。

绩效计划是绩效管理体系的第一个关键步骤，也是实施绩效管理系统的主要平台和关键手段。企业通过绩效计划可以在内部建立起一种科学合理的管理机制，能有机地将股东的利益和员工的利益整合在一起。

绩效计划作为绩效管理的一种有力工具，体现了上下级之间承诺的绩效指标的严肃性，使决策层能够把精力集中在对企业价值最关键的经营决策上，确保企业总体战略的逐步实施和年度工作目标的实现，有利于在企业内部创造一种突出绩效的企业文化。

（二）绩效辅导

绩效辅导是绩效管理的重要环节，这个环节工作不到位，绩效管理将不能落到实处。从实践来看，有效的绩效辅导主要有三种方式：上级对下级的日常指导、定期的绩效会议制度、绩效指导与反馈表单。

绩效辅导是指管理者与员工讨论有关工作进展情况、潜在的问题、解决问题的办法和措施、员工取得的成绩以及存在的问题、管理者如何帮助员工等信息的过程。

1. 绩效辅导的作用

绩效辅导的根本目的在于对员工实施绩效计划的过程进行有效的管理。绩效辅导在绩效管理系统中的作用在于能够前瞻性地发现问题并在问题出现之前解决，还在于能把管理者与员工紧密联系在一起。管理者与员工经常性地就存在的问题和可能存在的问题进行讨论，共同解决问题，排除障碍，达到共同进步和共同提高，实现高绩效的目的。绩效辅导还有利于建立管理者与员工良好的工作关系。

2. 绩效辅导的内容

绩效辅导是在考核周期中为使下属或下属部门达成绩效目标而在考核过程中进行的辅导。绩效辅导是辅导员工共同达成目标或计划的过程，可以分为工作辅导和月度回顾。

工作辅导有具体指示、方向引导、鼓励促进等。具体指示是指对完成工作所需知识及能力较缺乏的部门或员工，需要给予较为具体的指示性的指导，帮助其把要完成的工作分解为具体的步骤，并跟踪完成情况。方向引导是指对具有完成工作的相关知识和技能，但是遇到困难或问题的部门或员工，给予方向性的指引。鼓励促进是指对具有较完善的知识和专业化技能，而且任务完成顺利的部门或员工，应该给予鼓励和继续改进的建议。

月度回顾是由各部门填写绩效目标月度回顾表，介绍月度总体目标完成情况及主要差距等，被考核者汇报上月业绩目标完成情况，介绍下月工作计划。企业通过对各部门进行质询，提出改进意见，并对提出的问题予以答复，对完成的情况进行总结，提出对下月工作的期望与要求，最后形成月度回顾情况表。

（三）绩效考核

绩效考核评价是绩效管理的核心环节，这个环节如果出现问题会给绩效管理带来严重的负面影响。绩效考核结果应用是绩效管理取得成效的关键，如果对员工的激励与约束机制存在问题，绩效管理则难以取得成效。绩效考核的实施原则包括以下几点：

1. 清晰的目标

对员工实行绩效考核的目的是让员工实现企业的目标和要求，因此目标一定要清晰。考核的标准一定要客观，量化是最客观的表达方式。很多时候企业的绩效考核不能推行到位，沦为走过场，都是因为标准太模糊，要求不量化。

2. 良好的职业心态

绩效考核的推行要求企业必须具备相应的文化底蕴，要求员工具备一定的职业化的素质。事实上，优秀的员工并不惧怕考核，甚至欢迎考核。

3. 与利益、晋升相契合

与薪酬不挂钩的绩效考核是没有意义的，绩效考核必须与利益、薪酬挂钩，才能够引起企业自上至下的重视和认真对待。绩效考核要具有掌控性、可实现性。绩效考核是企业的一种管理行为，是企业表达要求的方式，其过程必须为企业所掌控。

绩效考核只有渗透到日常工作的每个环节当中，才能真正发挥效力。绩效考核应遵循以下"三重一轻"的原则：

（1）重积累：平时的点点滴滴，正是绩效考核的基础。

（2）重成果：成果的反馈，才可以让员工看到进步，使员工有前进的动力。

（3）重时效：绩效考核需要指定一个固定的时间。

（4）轻便快捷：复杂的绩效考核方式，需要专业人员的指导才可能深入浅出、轻便快捷，取得预期效果。

（四）绩效反馈

绩效反馈（performance feedback）是绩效考核的最后一环，也是关键一环。能否达到绩效考核的预期目的，取决于绩效反馈实施的好坏。绩效反馈主要通过考核者与被考核者之间的沟通，就被考核者在考核周期内的绩效情况进行面谈，在肯定成绩的同时，找出工作中的不足并加以改进。绩效反馈的目的是让员工了解自己在本绩效周期内的业绩是否达到所定的目标，行为态度是否合格，让管理者和员工双方达成对评估结果一致的看法。双方共同探讨绩效未合格的原因所在并制订绩效改进计划。同时，管理者要向员工传达组织的期望，双方对绩效周期的目标进行探讨，最终形成一个绩效合约。

由于绩效反馈在绩效考核结束后实施，而且是考核者和被考核者之间的直接对话，因此有效的绩效反馈对绩效管理起着至关重要的作用。

绩效反馈是绩效考核的最后一步，是由员工和管理人员一起，回顾和讨论考评的结果。如果不将考核结果反馈给被考评的员工，考核将失去极为重要的激励、奖惩和培训的功能。因此，有效的绩效反馈对绩效管理起着至关重要的作用。

1. 通报员工当期绩效考核结果

企业通报员工当期绩效考核结果，使员工明确其绩效表现在整个组织中的大致位置，激发其提高现有绩效水平的意愿。在绩效反馈实施时，企业要关注员工的长处，耐心倾听员工的声音，并在制定员工下一期绩效指标时进行调整。

2. 分析员工绩效差距与确定改进措施

绩效管理的目的是通过提高每一名员工的绩效水平来促进企业整体绩效水平提高。因此，管理者负有协助员工提高其绩效水平的职责。改进措施的可操作性与指导性源于对绩效差距分析的准确性。因此，管理者在对员工进行过程指导时要记录员工的关键行为，按类别整理，分成高绩效行为记录与低绩效行为记录。管理者要通过表扬与激励，维持与强化员工的高绩效行为；通过对低绩效行为的归纳与总结，准确地界定员工绩效差距。管理者要在绩效反馈环节向员工反馈，使员工得到提高。

3. 沟通协商工作的任务与目标

绩效反馈既是上一个绩效考评周期的结束，又是下一个绩效考评周期的开始。在考核初期明确绩效指标是绩效管理的基本思想之一，管理者要与员工共同制定绩效指标。管理者如果不参与会导致绩效指标的方向性偏差，员工如果不参与会导致绩效指标的不明确。另外，企业在确定绩效指标的时候一定要紧紧围绕关键指标内容，同时考虑员工所处的内外部环境变化，而不是僵化地将季度目标设置为年度目标的1/4，也不是简单地在上一期目标的基础上累加一定百分比。

4. 确定和任务与目标相匹配的资源配置

绩效反馈不是简单地总结上一个绩效周期的员工的表现，更重要的是要着眼于未来的绩效周期。在明确绩效任务的同时确定相应的资源配置，对管理者与员工来说是一个双赢的局面。员工可以得到完成任务所需要的资源，管理者可以积累资源消耗的历史数据，分析资源消耗背后可控成本的节约途径，还可以综合利用有限的资源，使有限的资源发挥最大的效用。

三、绩效考核方法与绩效管理循环模型

绩效考核评价对组织而言仅仅是一种手段，绩效考核的真正目的是使员工了解业绩目标与企业之间的关系，反馈评价信息，促进员工的发展。

（一）绩效考核方法

1. 步骤计划是绩效管理的目标设定

绩效目标源于组织整体经营目标的分解，核心员工对组织最终目标的实现承担着极为重要的责任。从大多数人内心的角度考虑，人们总是希望自己的目标越小越好，而完成目标之后的绩效奖励则是越高越好，同时还能获得较强的心理满足感和成就感。但从组织发展的角度考虑，组织总是希望能够制定一个具有挑战性的目标，从而实现组织的快速发展。因此，在组织整体绩效目标分解的过程中，沟通是制订计划的重要方法。

绩效目标的制定是整个绩效管理的核心，绩效目标可以根据周期分为年度目标、季度目标、月度目标，甚至是周计划；也可以根据业务类型分为专项目标、管理目标和业务目标。有效的目标分解、工作计划的制订以及评价标准的明确，对接下来的绩效执行过程沟通、绩效结果检查以及循环提升都是至关重要的。

2. 执行是绩效执行过程中的指导

对于核心员工来说，其本身的能力是非常出色的，是可以承担重任的，同时其承担的工作任务大多具有较高的创新性要求，在实现目标的途径上会有很多种方法。绩效考核人很难做到对各种方法都了解和掌握，因此绩效考核人在绩效执行过程中通过定期汇报、业务工作分析会或部门例会的形式，结合月度工作计划，对各项目标的完成情况做到有效跟踪和监控。过于频繁的沟通或指导，可能会打乱正常的工作思路，影响工作的顺利开展，效果可能会适得其反。

3. 检查是绩效结果的回顾

企业关注绩效目标的完成情况。该环节在整个绩效管理过程中属于回顾与反思的环节，即回顾上一个考核周期的工作完成情况，针对其中存在的问题，反思下一步如何更有效地提升业绩。奖惩并不是绩效考核的主要目的，只是一种有助于绩效管理更好地发挥作用的手段或工具。

4. 改进是个人能力的循环

改进是上一个循环的结束，也是下一个循环的开始，每一次总结都会使人得到进一步的提升。绩效改进实际上就是针对绩效结果检查过程中发现的问题，通过反思提出更好的解决方案，并以详细的改进计划的形式进行明确。

（二）绩效管理循环模型

绩效管理发挥效果的机制就是对组织或个人设定合理目标，通过建立有效的激励约束机制，促使员工向着组织期望的方向努力，从而提高个人和组织绩效；通过定期有效的绩效评估，肯定成绩、指出不足，对组织目标达成有贡献的行为和结果进行奖励，对不符合组织发展目标的行为和结果进行一定的约束；通过这样的激励机制促使员工提高能力素质、改进工作方法，从而达到更高的个人和组织绩效水平。

从绩效管理循环模型中可以看出，绩效管理获得良性循环，以下四个环节是非常重要的：一是目标管理环节，二是绩效考核环节，三是激励控制环节，四是评估环节。

目标管理环节的核心问题是保证组织目标、部门目标以及个人目标的一致性，保证个人绩效和组织绩效得到同步提升。

绩效考核是绩效管理模型发挥效用的关键，只有建立公平公正的评估系统，对员工和组织的绩效做出准确的衡量，才能对绩效优异者进行奖励，对绩效低下者进行鞭策。如果没有绩效评估系统或绩效评估结果不准确，那么将导致激励对象错位，整个激励系统就难以发挥作用了。

第二节　绩效管理实施

伴随数字经济的全面到来，企业在激烈的市场竞争环境下，表面上是资金、技术层面的竞争，本质是人才与信息的竞争，是人与人的智慧和力量的大比拼。因此，有效激发员工的积极性、主动性和创造性，才能吸引人才、留住人才，让企业保持足够的竞争优势。受现有资本与管理条件的制约，在人才吸引与员工激励方面上，企业会存在一些问题，很大程度上制约了企业的发展。

一、绩效管理实施的价值

绩效管理通过设定科学合理的组织目标、部门目标和个人目标，为企业员工指明了努力的方向。

（一）促进组织和个人绩效的提升

管理者通过绩效辅导沟通及时发现员工工作中存在的问题，给员工提供必要的工作指导和资源支持。员工通过工作态度和工作方法的改进，保证绩效目标的实现。绩效管理通过对员工进行甄选与区分，保证优秀人才脱颖而出，同时淘汰不适合的人员。企业通过绩效管理能使内部人才得到成长，同时能吸引外部优秀人才，使人力资源能满足组织发展的需要，促进组织绩效和个人绩效的提升。

（二）促进管理流程和业务流程的优化

企业管理涉及对人和对事的管理，对人的管理主要是激励约束问题，对事的管理主要是流程问题。所谓流程，就是一件事情或一个业务如何运作，涉及因何而做、由谁来做、如何去做、做完了传递给谁等几个方面的问题。上述四个环节的不同安排都会对产出结果有很大的影响，极大地影响着组织的效率。

在绩效管理过程中，各级管理者都应从企业整体利益及工作效率出发，尽量提高业务处理的效率，应该在上述四个环节不断进行调整优化，使组织运行效率逐渐提高。企业在提升了组织运行效率的同时，逐步优化了企业管理流程和业务流程。

（三）保证组织战略目标的实现

企业应有比较清晰的发展思路和战略，有远期发展目标和发展规划，在此基础上根据外部经营环境的预期变化和企业内部条件制订出年度经营计划及投资计划，在此基础上制定企业年度经营目标。企业管理者将企业的年度经营目标向各个部门分解，就形成了部门的年度业绩目标；各个部门向每个岗位分解核心指标，就形成了每个岗位的关键业绩指标。

二、绩效考核的实施

一个企业的整体营运绩效与这个企业的战略规划、目标设定密不可分。在企业方向正确的前提下，企业绩效的关键还是在于企业每个员工的工作绩效如何。因此，通过对企业员工工作绩效进行考核评价，并对员工一定时期的工作绩效进行及时反馈，能充分激发企业每位员工的工作热情和创新精神，促使员工的能力提升和潜能开发，从而组建起一支高效率的工作团队，以充分保证企业整体绩效的实现。因此，企业员工的绩效管理工作受到越来越多企业的重视。

（一）强化理念植入

企业应让正确的绩效管理理念深入企业全体员工，消除和澄清对绩效管理的错误与模糊认识。企业的绩效管理不是管理者对员工挥舞的"大棒"，也不应成为无原则的"和稀泥"。

绩效考核的目的不是制造员工之间的差距，而是实事求是地发现员工工作的长处和短处以便让员工及时改进、提高。绩效考核要以尊重员工的价值创造为主旨。绩效管理虽然是按企业行政职能结构形成的一种纵向延伸的管理体系，但是也应是一种员工和管理者双向的交互过程。这一过程包含了考核者与被考核者的深层次沟通。

（二）设计科学标准

企业应进行工作分析，制定切实可行的考核标准。为了确保形成一套科学有效的考核标准，进行有效的工作分析，确认每个员工的绩效考核指标就成为确立考核标准的必备环节。

企业可以通过调查问卷、访谈等方式，加强与各层级管理者和员工之间的沟通与理解，为每个员工制定工作职位说明书，让员工对自己工作的流程与职责有十分明确的了解，也使员工从心理上进入接受考核的状态。

（三）构建价值中介

企业应让绩效管理体系成为企业价值创造与价值分配的中介。绩效评价作用的有效性，或者说绩效评价要真正在企业的价值创造中发挥牵引和激励作用，必须要发挥好企业价值分配的杠杆作用。

价值分配不仅仅包括物质利益的分配，还包括挑战性工作岗位的分配、职位的晋升等。从现在的物质分配来看，形式主要有工资、福利津贴以及远期收入。在工资方面，企业应使员工的个人工作能力、绩效在工资的组成结构中占有合理的位置，并成为个人工资提高的主要因素。当然，更重要的是，企业要不断创造有挑战性的工作岗位并将其赋给有创造性、进取心的高绩效员工，给他们更大的职业生涯发展空间。

（四）形成有效机制

绩效管理工作作为企业人力资源开发与管理的一个重要方面，它的顺利进行离不开企业整体人力资源开发与管理架构的建立和机制的完善。同时，绩效管理也要成为企业文化建设的价值导向。

企业应以整体战略眼光来构建整个人力资源管理体系。绩效管理与人力资源管理的其他环节（如培训开会、管理沟通、岗位轮换、晋升等）相互联结、相互促进。可以这么说，如果企业建立不了人力资源管理的良性机制，在当下信息化时代是难以生存下去的。

三、绩效管理过程的各类关系

绩效考核并不等于全面绩效管理。然而，很多企业却把绩效考核当成了绩效管理的全部，以为绩效管理就是绩效考核，其实绩效考核只是全面绩效管理的一个简单的手段而已。

（一）处理好考核要素之间的关系

1. 量化指标与质化指标

一提考核，很多人强调的只是量化指标的考核，且不说很多东西不能量化，就是都能量化也还是需要非量化的考核，只是这种非量化的考核更有弹性。非量化的考核可以称为质化考核，包括素质、态度、精神、风格等的考核。需要注意的是，非量化的考核往往比量化的考核更加重要。

2. 被考核者与考核者

考核应该是全员性的，然而很多企业在考核中往往紧盯员工，而忽视了对手握考核权力的考核者的考核。应该说，对考核者的考核往往比对那些被考核者的考核更加重要。

3. 关键指标与其他指标

企业一提到考核，似乎就只有关键指标的考核，而往往忽略了那些非关键指标的考核。企业管理无小事，非关键指标是保证关键指标达成的必要条件，没有这些非关键指标，关键指标也只能成为一个愿景。

（二）处理好考核方法之间的关系

在考核中，人们往往强调那些可以用来进行考核的技术手段，比如表格、方法、模块、软件等，以为这样就可以达到考核的目的。其实，通过考核提升绩效比单纯打分考核更重要。企业在绩效考核中往往存在以下问题：

1. 强调逐年提升而忽视稳定发展

绩效考核中一个突出的、令各级管理者十分头痛的问题就是考核指标逐年提升，被考核者的绩效指标年年加码、逐月上升。这样经过几年的递增，最终导致目标无法达成，考核也就成了一种无奈的形式。

2. 强调事事考核而忽视信任法则

绩效考核中的一个常见问题就是要么单一强调关键指标的考核，要么就强调面面俱到。所谓事事考核，以为员工的行为只有在"考"中才能尽责。其实员工具有主观能动性和责任意识。

3. 强调部门效益而忽视整体效益

绩效考核的刚性原则，很容易造成各部门"各人自扫门前雪，莫管他人瓦上霜"的"自保"倾向。因此，企业的整体效益很难得到体现。要知道，企业的整体效益并不等于各个部门效益的简单叠加。这里存在一个整体和局部关系的问题。

4. 强调考核分数而忽视绩效面谈

绩效考核分数一旦确定，便一切以分数为依据对员工进行"分数评价"，而往往忽视了分数背后的原因。以分数为依据并无大错，但是比分数更重要的则是考核之后的绩效面谈。绩效面谈可以较好地解决形式考核所不能解决的深度问题，而只有这些深度问题得到解决，员工才有可能更上一层楼。

（三）处理好考核阶段和层次之间的关系

1. 强调年终考核而忽视日常考核

强调年终考核而忽视日常考核是很多企业普遍存在的通病。考核固然需要按阶段来进行，但并不是必须要在年终进行。要知道，考核应是一个常态的行为。如果说年终考核是"一锤定音"，那么日常考核便是"天天敲锣"。

2. 强调基层考核而忽视高层考核

很多企业在考核中经常犯的一个错误就是只考核基层员工和部门，而不考核高层领导和部门。例如，对董事会和董事长的考核、对监事会和监事长的考核、对总经理班子和总经理的考核等。

（四）处理好考核部门之间的关系

1. 强调人力资源部门而忽视其他部门

一提起绩效考核，好像就是人力资源部门的事儿。其实，绩效考核不仅仅是人力资源部门的工作，还应是各个直线部门、各个职能部门、各级领导、各级管理者应共同关注的系统性问题。人力资源部门的主要职能就是组织考核、设计考核方式、安排考核时间、把握考核政策、实施考核结果的运用等。真正的考核实施应该是各个部门的事情。

2. 强调考核力度而忽视绩效评析

我们经常听到"狠抓考核""严格考核""细化考核"等管理语言，这些似乎没什么错误，但是能否把这些"力度"分一些给"绩效评析"呢？要知道，绩效评析要比考核力度更有意义。很多企业一心扑在所谓的"考核"上（实际上就是打分），根本没什么绩效评析，而绩效评析才有助于绩效提升。

3. 强调最终结果而忽视过程督导

绩效考核不能片面强调"结果"，因为一旦成为结果就已很难改变，尤其是坏的结果的破坏力惊人。既然如此，企业绩效考核就应该换一种思维方式——强调督导。管理者只有在"督"和"导"的过程中发现问题、解决问题，才能保证形成好的结果。

第十一章

污水处理企业财务管理与质量管理

在市场经济条件下，企业的根本任务是尽可能有效利用现有的人力、物力和财力，通过生产经营活动，取得尽可能多的利润。

企业的资金运动构成了企业经济活动中一个独立的重要内容，这就是企业的财务活动。资金和资金运动产生了财务活动和财务关系，财务活动和财务关系构成了财务和财务管理的内涵。从表面上看，企业的资金运动是钱和物的增减变动，其实这些都离不开人与人之间的经济利益关系。

第一节　企业财务管理概述

企业财务是指企业在生产过程中客观存在的资金运动及其体现的经济利益关系。财务管理是指企业组织财务活动和处理企业与各方面的财务关系的一项经济管理工作，是企业管理的重要组成部分。

一、企业财务活动

企业财务活动主要包括筹资活动、投资活动、资金营运活动和分配活动四个方面（见图11-1）。

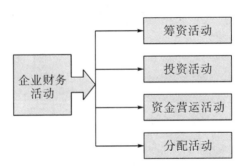

图11-1　企业财务活动的主要内容

（一）筹资活动

企业的建立和经营活动的开展都必须拥有一定数量的资金。企业可以在法律法规允许的条件下，采取各种方式筹措资金。所谓筹资，是指企业为了满足投资和用资的需要，筹措和集中所需资金的过程。

企业的资金可以由国家、法人、个人等直接投入，或者通过发行股票、内部留存收益等方式取得，形成企业的自有资金；也可以通过从银行借款、发行债券、利用商业信用等方式取得，形成企业的负债资金。资金筹措是企业资金运动的起点。通过筹措取得的资金，主要表现为货币资金，也可以表现为实物形态资产和无形资产。企业筹措资金表现为资金的流入。企业偿还借款和支付利息、股利、各种筹资费用等，表现为资金的流出。这种由于筹措资金而产生的资金收支，便是企业筹资引起的财务活动。

（二）投资活动

企业的投资有狭义和广义之分。狭义的投资是指企业以现金、实物或无形资产采用一定的方式对外进行投资，如购买其他企业的股票、债券或与其他企业联营等。广义的投资则除了对外投资，还包括企业内部投资，即企业将筹措到的资金投放到生产经营活动中去，如购置流动资产、固定资产、无形资产等。企业在投资活动中需要支付资金。当企业收回对外投资或变卖对内投资形成的各种资产时，就会产生资金的流入。这种由于企业投资而产生的资金收支，便是企业投资引起的财务活动。

（三）资金营运活动

企业在日常生产经营活动中，首先需要采购材料或商品，形成储备，以便从事生产和销售活动，同时还要支付职工工资和各种营业费用，这都需要企业支付资金。当企业将生产出来的产品或购入的商品进行出售时，便可收回资金。这就是企业经营引起的财务活动又称资金营运活动。

（四）分配活动

企业通过销售取得的收入，在弥补了各种成本和费用之后形成利润或亏损。企业对外投资，也可能形成利润或亏损。企业必须依据法律法规及公司章程对利润进行分配。在依法缴纳了所得税后，企业还必须按规定提取公积金和公益金，分别用于扩大积累、弥补亏损和改善职工集体福利设施等，剩余部分利润根据投资者的意愿和企业生产经营的需要可以作为投资收益分配给投资者，或者暂时留存于企业形成未分配利润，或者作为投资者的追加投资。

财务活动的四个方面是相互联系、相互依存的，它们构成一个完整的财务活动过程。随着企业生产过程的不断进行，财务活动也循环往复，不断进行。这个财务活动的过程就是企业财务管理的基本内容。

二、企业财务关系

企业财务关系是指企业在组织财务活动过程中，与有关各方发生的经济利益关系。企业在资金的筹集、投放、耗费、收回和分配过程中，与各方面有着广泛的联系，因此必然会发生企业与其利益相关者之间的关系。企业的财务关系主要有以下几个方面：

（一）企业与政府之间的财务关系

企业与政府之间的财务关系主要是指政府凭借社会管理者的身份，利用政治权力，强制和无偿地参与企业收入和利润的分配所形成的一种分配关系。企业必须按照规定向政府缴纳各种税款，包括所得税、流转税、资源税、财产税和行为税等。这是企业的义务。这种关系体现的是一种强制和无偿的分配关系。

（二）企业与投资者（所有者）之间的财务关系

企业与投资者（所有者）之间的财务关系是指企业的投资者向企业投入资金，企业向投资者支付投资报酬所形成的经济关系。企业通过吸收直接投资、发行股票、联营并购等方式接受国家、法人和个人等投资者投入的资金。企业利用投资者的投资进行经营，实现利润后，按照投资者的出资比例或合同、章程的规定，向投资者支付投资报酬。企业的投资者按照规定履行了出资义务后，依法对企业净资产拥有所有权，并享有企业经营产生的净利润或承担的净亏损。企业拥有投资者投资所形成的法人财产权，并以其全部法人财产依法自主经营，对投资者承担资本保值和增值的责任。企业与投资者（所有者）之间的财务关系体现的是一种所有权性质的受资与投资的关系。

（三）企业与债权人之间的财务关系

企业与债权人之间的财务关系主要是指企业向债权人借入资金，并按合同的规定，按时支付利息和归还本金所形成的经济关系。企业除了利用自有资本进行经营活动外，还要借入一定数量的资金，以便降低企业的资金成本，扩大企业的经营规模。企业的债权人主要有本企业发行的公司债券的持有人、贷款机构、商业信用提供者、其他出借资金给企业的单位和个人。债权人主要关注企业的债务偿还能力和利息支付能力，并作出相应的决策。企业与债权人之间的财务关系体现的是一种债务与债权的关系。

（四）企业与被投资者之间的财务关系

企业与被投资者之间的财务关系主要是指企业以购买股票、联营投资、并购投资等方式向外投出资金所形成的经济关系。随着市场经济的不断深化和发展、企业经营规模和经营范围的不断扩大，这种关系越来越广泛。企业应按约定履行出资义务，并依据其出资份额参与受资企业的经营管理和利润分配。企业与被投资者之间的财务关系体现的是一种所有权性质的投资与受资的关系。

（五）企业与债务人之间的财务关系

企业与债务人之间的财务关系主要是指企业将其资金以购买债券、提供借款或商业信用等形式与其他单位所形成的经济关系。企业将资金出借后，有权要求其债务人按合同、协议等约定的条件支付利息和归还本金。企业与债务人之间的财务关系体现的是一种债权和债务的关系。

（六）企业内部各部门之间的财务关系

企业内部各部门之间的财务关系主要是指企业内部各部门之间在生产经营各个环节中相互提供产品或劳务所形成的经济关系。具有一定规模的企业，为了提高管理效率，通常按照责、权、利的关系，在企业内部实行分工与协作，形成利益相对独立的内部责任单位。为了明确各责任单位的责任与利益，责任单位之间相互提供产品和劳务，也需要进行计价结算。这种财务关系体现的是企业内部各部门之间的利益关系。

（七）企业与职工之间的财务关系

企业与职工之间的财务关系主要是指企业在向职工支付劳动报酬过程中所形成的经济关系。职工是企业的劳动者，也是企业价值的创造者，企业应根据按劳分配原则，以职工所提供的劳动数量和质量为依据，从职工劳动所创造的价值中，用劳动报酬（包括工资、津贴、奖金等）的形式进行分配，并按规定提取公益金。企业与职工之间的财务关系体现的是一种企业与职工在劳动成果上的分配关系。

上述财务关系广泛存在于企业财务活动中，企业应正确处理和协调与各有关方面的财务关系，努力实现与其他各种财务活动当事人之间的经济利益的均衡。

三、财务管理决策

财务管理决策是财务管理的核心，其内容一般包括以下几个方面：

（一）筹资决策

筹资决策主要考虑筹资成本、筹资规模与资本结构。

（二）投资决策

投资决策是指企业将筹集的资金投入使用的决策，包括对内投资决策和对外投资决策。

（三）资金营运决策

资金营运决策包括采购材料、购买商品、提供信用、收回资金以及通过短期借款获取满足经营所需的资金等。

（四）分配决策

分配决策是企业对各种收入进行分割和分配的活动，主要是对净利润的分配决策。

第二节　财务管理目标

从根本上说，在业财一体化背景下，财务管理目标取决于企业经营目标。在不同时期，尤其是在不同经济体制下，企业目标是不同的。

一、财务管理目标概述

财务管理目标又称理财目标，是指企业通过组织财务活动、处理财务关系所要达到的目标。财务管理目标决定着企业财务管理的基本方向。财务管理目标分为总体目标、分部目标和具体目标。财务管理目标具有可变性、层次性和多元性的特点。

在市场经济条件下，传统的财务管理目标显然已不能适应企业新的运营模式的需要，因为传统的财务管理目标至少存在以下缺点：企业效益可能低下、产品质量难以保证、产品销售渠道可能不畅、内部潜力挖掘可能不够。在市场经济条件下，企业财务管理目标最具代表性的观点如下：

（一）利润最大化

企业的一切财务活动，如资金的筹集、投资项目的选择、资本结构的优化、股利政策的制定等，在一定程度上最终都归结到利润水平上。在社会主义市场经济条件下，企业作为自主经营的主体，利润是企业在一定期间全部的收入和全部的费用之差额。利润最大化目标的主要优点在于：利润可以直接反映企业创造的价值，可以在一定程度上反映企业的经济效益和对社会的贡献，是企业补充资本、扩大经营规模的主要源泉之一。因此，企业追求利润最大化是合理的。

利润最大化目标的缺点主要表现在以下几个方面：

（1）没有考虑获得利润所需的时间，即没有考虑资金的时间价值。例如，甲、乙两个企业在相同的起步资金100万元的条件下，都获得了50万元利润，但其中甲企业仅用了1年时间，而乙企业则花费了5年时间。若不考虑资金的时间价值，我们就难以作出正确的判断。

（2）没有反映所创造的利润与投入资金之间的对比关系，不利于不同规模的企业或同一企业的不同时期之间的比较。例如，甲、乙两个企业在相同的一年时间里，都获得了100万元利润，但其中甲企业是在500万元起步资金的条件下获得的，而乙企业是在1 000万元起步资金的条件下获得的。若不考虑投资额，我们同样难以作出正确的判断。

（3）没有考虑风险因素。一般来说，报酬越高，所要承担的风险就越大。追求利润最大化，可能会使企业承担过大的风险。例如，企业进入股票与期货市场，或者进入高科技行业，虽然可能获得高额利润，但风险也很大。

（4）没有考虑对企业的进一步发展，即对企业可持续发展的影响。片面追求利润最大化，可能导致企业的短期行为，如忽视产品开发、人才开发、安全生产、履行社会责任等。

（二）股东财富最大化

股东财富最大化又称企业价值最大化。股东创办企业的目的是增加财富，他们是企业的所有者，企业价值最大化就是股东财富最大化。有观点认为，股东财富最大化是股东所持有股票的市值最大化。这种观点是以在比较完善的资本市场中，股票可以自由买卖为前提的。企业的价值不是企业账面资产的总价值，而是指企业全部财产的市场价值，反映了企业潜在的或预期的获利能力。企业的价值如同商品的价值一样，只有投入市场，才能通过价格表现出来。股价的高低，在一定程度上反映了广大投资者对企业价值的评价好坏，并受今后每年的净利润及其增长趋势与风险的影响。

股东财富最大化目标的优点主要在于：考虑了货币的时间价值和投资的风险价值；有利于克服企业的短期行为，使企业讲究信誉，注重形象；有利于社会资源的合理配置。

股东财富最大化目标的缺点主要在于：对于非上市公司而言，企业价值不易衡量；对企业其他有关人员（企业的债权人、职工以及政府）的利益重视不够；部分股东对股价的短期变动不感兴趣；股票价格受很多因素的影响，股票市场效率越低股票价格越不完全由企业负债决定；没有考虑社会效益。

二、影响财务管理目标实现的因素

企业实现财务管理目标要受外部环境与企业管理决策两方面的影响。其中，外部环境对企业来说是不可控的因素，而企业管理决策相对而言是可控的因素。企业通过正确的投资决策、筹资决策、经营决策和分配决策，可以促进实现财务管理目标。影响财务管理目标实现的主要因素包括内部收益率、风险、投资项目、资本结构和分配政策等。

1. 内部收益率

内部收益率是指单位资金每年的利润。内部收益率越高，企业的价值越大，投资者（股东）得到的回报也越多。内部收益率既考虑了投入净资产的大小，又考虑了时间的长短。

2. 风险

企业在制定决策时，必须在可以承受风险的条件下，争取尽可能高的期望收益率。

3. 投资项目

企业选择投资项目时，首先应明确企业是可以承受风险的，然后在这些可承受的风险投资项目中，选择那些期望内部收益率尽可能高的项目进行投资。

4. 资本结构

资本结构是指债务资本与投资者的权益资本之间的比例关系。在一般情况下，当投资的预期报酬率高于债务资本的利息率时，企业举债可以提高企业未来的内部收益率，同时也增大了企业未来的风险。一旦项目的报酬率低于债务资本的利息率，债务资本不但不会提高内部收益率，反而会导致内部收益率下降，甚至可能因无法按期支付债务本息而使企业破产。资本结构不当，往往是企业破产的重要原因之一。

5. 分配政策

对投资者（股东）来说，分配政策的确定实际上是处理当前利益与长远利益之间的关系。企业当期盈余的比例多少分配给股东，多少继续留在企业进行再投资，这是企业进行收益分配时必须作出的决策。显然，再投资的风险要大于当即分红，但再投资可能增加未来的收益。因此，企业收益分配政策会影响企业未来的收益和风险。

三、股东、经营者等之间的目标冲突与协调

财务管理目标在股东、经营者、债权人、政府（社会）以及职工之间往往会发生一定的冲突。同时，这也构成了企业财务管理最重要的财务关系，企业必须正确处理这些财务关系。

股东与债权人都为企业提供了资金，但是他们都不直接参与企业的管理，只有经营者在企业中直接从事财务管理工作。

（一）所有者（股东）与经营者之间的冲突与协调

企业是所有者（股东）的企业，财务管理的目标应该是股东的目标。股东委托经营者代表他们管理企业，因此股东与经营者之间的财务关系，是企业最重要的财务关系。这实际上是一种委托-代理关系。但是，所有权与经营权分离后，经营者的目标与股东的目标往往不一致，甚至存在很大的差异。

1. 经营者的目标

（1）增加报酬，包括物质的报酬和非物质的报酬，如增加工资、奖金，授予荣誉，提供足够的保障与社会地位等。

（2）工作尽量轻松，增加休息时间，包括减少名义工作时间与有效工作时间、降低工作强度等。

（3）避免风险。经营者努力工作可能得不到应有的报酬，当他们的行为和结果存在不确定性时，他们总是力图避免风险，希望得到一份有足够保障的报酬。

2. 经营者对所有者利益的背离

由于经营者的目标与所有者的目标不完全一致，经营者有可能为了自身的目标而背离所有者利益。其主要表现如下：

（1）工作不努力，存在道德风险。经营者为了自身的利益，可能不努力去实现企业的目标。一般来说，他们没有必要冒险工作，因为冒险成功的好处是股东的，而一旦失败，他们的名誉将受损，他们的"身价"将大打折扣。因此，经营者不做什么错事，只是不十分卖力。这样做并不构成法律与行政责任问题，只是道德问题，股东很难予以追究。

（2）逆向选择，贪图享受。例如，经营者可能借工作需要之名，装修豪华办公室、买高档汽车等。同时，经营者可能损公肥私，设法将企业的资产与利益占为己有，将劣质产品高价卖给企业，或者将企业的优质产品低价卖给自己的企业等。

3. 防止经营者背离所有者利益的方法

为了防止经营者背离所有者利益，所有者一般可以采取以下三种方法：

（1）制定财务规章制度。所有者让经营者在制度范围内行使职权，尤其是涉及经营者利益方面的活动。例如，招待费实行总额控制、经营者应享受的待遇尽量做到制度化、仅在一定限度内让经营者行使特权。

（2）建立监督机制。经营者能够背离所有者利益，是因为经营者了解的信息比所有者了解的信息多，所以为了防止经营者背离所有者利益，所有者最好设法获取更多的有关信息，对经营者进行监督，并且当经营者背离所有者利益时，减少经营者各种形式的报酬，甚至解雇他们。当然，监督机制只能起一定作用，因为所有者远离经营者，经营者"上有政策，下有对策"，并且监督的成本比较高，不可能实施全面监督。因此，监督可以减少经营者违背所有者意愿的行为，但不能解决全部问题。

（3）采取激励措施。为防止经营者背离所有者利益，所有者还可以采用激励机制，即让经营者分享由于经营者的努力而使企业增加的利润，如给经营者以现金或股票的奖励。当然，激励措施也不能解决全部问题。因为激励过低，不能有效调动经营者的积极性；相反，激励过高，所有者付出的成本过高，也不能实现自身利益的最大化。

（二）所有者与债权人之间的冲突与协调

在市场经济条件下，所有者与债权人之间形成的债务债权关系是企业财务关系的重要组成部分。企业借款的目的是解决经营中资金不足的问题，或者是扩大经营规模，或者是因各种原因资金周转存在困难。债权人的目的是利用闲置资金获取利息收入，到期收回本息。债权人把资金借给企业时，考虑了该企业应有的风险与报酬的关系。一旦形成债权债务关系后，债权人就失去了对企业的控制，企业所有者为了自身的利益，可以通过经营者而损害债权人的利益。

企业所有者通过经营者损害债权人利益的主要方式如下：第一，企业所有者改变原定资金的用途，将资金用于风险更高的项目。如果高风险的项目取得成功，超额的利润将完全归企业所有者所有；如果高风险的项目失败，企业无力偿债，债权人将与企业所有者共同承担损失，到期无法收回本息。第二，企业所有者在未征得债权人同意的情况下，发行新债券或举借新债。这样使企业的负债比率增大，并增加企业破产的可能性，降低旧债的偿还保障程度。如果企业破产，新债权人将会与旧债权人一起分配企业破产后的财产。这将降低旧债的相对价值。

债权人可以采取以下措施防止其利益受到侵害：

（1）寻求立法保护。例如，企业破产时优先接管企业，债权人优先于企业所有者分配剩余资产等。

（2）在借款合同中加入限制性条款。例如，债权人规定资金的用途，规定企业在还本付息之前，不得发行新债券与举借新债，或者限制发行新债的数额等。

（3）发现企业所有者有侵害债权人的利益的行为时，拒绝进一步合作，包括不再提供新的借款，直至收回已借的款项。

（三）所有者与政府（社会）之间的冲突与协调

所有者与政府（社会）之间的关系，主要体现在企业对政府（社会）承担的责任上。在一般情况下，企业财务目标与社会目标基本上是一致的。但有的时候，企业为了自身的利益会做出忽视甚至背离政府（社会）利益的行为。

企业财务目标与社会目标相一致主要表现在以下几个方面：第一，企业可以解决一部分人的就业问题，对员工进行必要的就业培训，促进员工素质的进一步提高。第二，企业的产品大多受社会的欢迎，实现企业产品的经济价值和社会价值。第三，企业的利税是对社会的贡献。第四，企业支持社会公益事业的发展。

企业可能为了自身的利益而背离社会的利益。这主要表现在：第一，生产伪劣产品。第二，不顾职工的健康与利益。第三，污染环境。第四，损害他人的利益。

政府（社会）对企业进行约束主要表现在以下几个方面：第一，通过立法，制定规章制度，强制企业承担应有的社会责任。第二，通过行业协会，建立行业自律准则，使企业受到商业道德约束。第三，要求企业随时接受新闻媒体、群众以及政府有关部门的监督。

四、财务管理的工作环节

财务管理环节是指为了达到既定的理财目标而开展财务管理工作的一整套程序和相应的方法。财务管理的基本环节包括财务预测、财务决策、财务预算、财务控制以及财务分析。这些环节相互联系，密切配合，构成财务管理工作的一个完整循环。

（一）财务预测

财务预测是指根据财务活动的历史资料信息，考虑现实的要求和条件，运用科学的方法，对企业未来的财务状况、发展趋势及其结果进行科学的预计和测算。

财务预测为财务决策提供依据，同时为编制财务预算做好准备。因此，进行财务预测，对提高财务管理的效率和质量具有十分重要的意义。

进行财务预测的一般程序如下：

（1）明确预测对象和目的。

（2）收集和整理相关资料。

（3）确定预测方法，一般采用定性和定量两种分析方法。

（4）利用预测模型进行测算。

（5）提出多种设想和方案，供财务决策时选择。

（二）财务决策

财务决策是指财务人员在理财目标的总体要求下，根据财务预测提出的多种设想和方案，进行对比分析，从中选出最佳方案的过程。

在市场经济条件下，财务管理的核心是财务决策，其他管理环节的工作都是围绕着这个核心展开的。因此，财务决策的合理与否将决定财务管理工作的成败。

财务决策过程一般需要经过以下四个步骤：

（1）提出问题，确定决策目标。

（2）收集资料，拟订方案。

（3）分析、评价备选方案。

（4）选出最佳方案。

（三）财务预算

财务预算是指运用科学的技术手段和数量方法，对未来财务活动的内容及指标所进行的具体规划。财务预算是财务预测、财务决策的进一步深化。财务预算以财务决策确立的方案和财务预测提供的信息为基础，并加以具体化，是控制财务活动的依据。

财务预算的编制一般包括以下三个步骤：

（1）分析财务环境，确定预算指标。

（2）协调人力、物力、财力，组织综合平衡。

（3）选择预算方法，编制财务预算。

（四）财务控制

财务控制是指在财务管理过程中，以财务预算为依据，对财务活动（如资金的收入、支出、占用、耗费等）进行日常的指导、协调、监督和限制，以实现财务预算规定的财务目标。

财务控制的方法很多，常用的方法是进行防护性控制（又称排除干扰控制）和反馈控制（又称平衡偏差控制）。财务控制一般的操作程序是：制定标准→执行标准→确定差异→消除差异→考核奖惩。

（五）财务分析

财务分析是以会计核算资料和其他方面提供的资料为主要依据，运用专门的方法，对企业财务活动的过程和结果进行分析与评价的一项工作。通过财务分析，企业可以肯定财务工作的成绩，揭露问题、总结经验、查找原因，以指导未来的财务管理活动，促使企业改善经营管理，提高经济效益。财务分析的常用方法有对比分析法、比率分析法、因素分析法等。

阅读材料

污水处理公司财务基础工作规范

为加强财务管理，推动公司的财务基础工作规范化和正规化建设，根据《中华人民共和国会计法》及公司内部财务管理制度，制定本制度。

一、财务管理制度

（一）会计核算基本要求

（1）会计年度自 1 月 1 日起至 12 月 31 日止。

（2）按照《中华人民共和国会计法》和统一会计制度的规定，建立会计账册，进行会计核算，及时提供合法、真实、准确、完整的会计信息。

（3）每项业务均应当及时办理会计手续、进行会计核算。

（4）会计核算应当以实际发生的经济业务为依据，按照规定的会计处理方法进行，保证会计指标的口径一致、相互可比和会计处理方法的前后各期相一致。

（5）按公司的统一要求设置和使用会计科目。

（6）会计凭证、账簿、报表和其他会计资料，应当建立档案，按照《财务档案管理办法》妥善保管。有关电子数据、会计软件资料等应当作为会计档案进行管理。

（二）会计监督

（1）对原始凭证进行审核和监督。对记载不明确、不完整的原始凭证，予以退回，要求经办人员更正、补充。对不真实、不合法的原始凭证，不予受理。对弄虚作假、严重违法的原始凭证，在不予受理的同时，应当予以扣留，并及时向主管财务副总经理或公司董事长、总经理报告，请求查明原因，追究当事人的责任。

（2）对伪造、变造、故意毁灭会计账簿或者擅自账外设账行为，应当制止和纠正；制止和纠正无效的，应当向主管财务副总经理或公司董事长、总经理报告，请求作出处理。

（3）对实物、款项进行监督，严格执行各项资产清查制度。发现账簿记录与实物、款项不符时，应当按照国家有关规定和企业相关制度进行处理。超出财务职权范围的，应当立即向主管财务副总经理或公司董事长、总经理报告，请求查明原因，作出处理。

（4）对指使、强令编造、篡改财务报告行为，应当制止和纠正；制止和纠正无效的，应当向主管财务副总经理或公司董事长、总经理报告，请求处理。

（5）财务工作人员调动工作或者离职，必须与接管人员办清交接手续。财务工作人员办理交接手续，由总经理、主管财务副总经理、企管办主任监交。

（6）接受财政、审计、税务等机关的监督。如实提供会计凭证、会计账簿、会计报表和其他会计资料以及有关情况，不得拒绝、隐匿、谎报。

（三）财务工作岗位职责

1. 会计的主要工作职责

（1）编制和执行预算、拟订资金使用方案，有效使用资金。

（2）建立健全经济核算制度，利用财务会计资料进行经济活动分析。

（3）按照国家会计制度的规定记账，做到手续完备、数字准确、账目清楚。

（4）妥善保管会计凭证、会计账簿、会计报表和其他会计资料。

（5）完成总经理或分管财务副总经理交付的其他工作。

2. 出纳的主要工作职责

（1）建立健全现金出纳各种账目，严格审核收付凭证。

（2）严格支票管理制度，编制支票使用手续，使用支票须经总经理签字后，方可生效。

（3）积极配合银行做好对账工作。

（4）配合会计做好各种账务处理。

（5）完成总经理或主管财务副总经理交付的其他工作。

（四）支票管理

（1）支票由出纳员专人保管。支票使用时须有支票领用单，经总经理批准签字，然后将支票按批准金额封头，加盖印章，填写日期、用途、登记号码，领用人在支票领用簿上签字备查。

（2）支票付款后凭支票存根，发票由经手人签字、会计核对（购置物品由保管员签字）、总经理审批。填写金额要无误，完成后交出纳员。出纳员统一编制凭证号，按规定登记银行账号，原支票领用人在支票领用单及登记簿上注销。

（3）公司财务人员支付每一笔款项，不论金额大小均须主管财务副总经理签字。主管财务副总经理外出应由财务人员设法通知，同意后可先付款后补签。

（五）现金管理

（1）公司可以在下列范围内使用现金：

①出差人员必须携带的差旅费；

②总经理或其授权人批准的其他支出。

（2）公司固定资产、办公用品、劳保、福利及其他工作用品必须采取转账结算方式，不得使用现金。

（3）库存现金不得超过核定库存限额2 000元，或者公司3~5天日常零星开支所需现金确定。

（4）出纳员应当建立健全现金账目，逐笔记载现金支付。账目应当日清月结，每日结算，账款相符。

（六）会计档案管理

（1）凡是本公司的会计凭证、会计账簿、会计报表、会计文件和其他有保存价值的资料，均应归档。

（2）会计凭证应按月、按编号顺序每月装订成册，标明月份、季度、年起止、号数、单据张数，由会计及有关人员签名盖章（包括制单、审核、记账、主管），由总经理指定专人归档保存，归档前应加以装订。

（3）会计报表应分月、季、年编制，按时归档，由总经理指定专人保管，并分类填制目录。

（4）会计档案不得携带外出，凡查阅、复制、摘录会计档案，须经总经理批准。

（5）本公司一切合同自签订之日起，一周内交财务科原件一份存档备案。

（七）处罚办法

（1）下列情况对相关经手人处以本人月薪1~3倍罚款。

①未经批准擅自支付资金。

②将公司款项以财务人员个人储蓄方式存入银行。

③未经批准擅自将账簿凭证带出公司，或者让外部人员查看。

④泄露公司机密，营私舞弊。

（2）情节严重的予以解聘。

二、费用报销制度及报销流程

为了加强公司内部管理，规范公司费用报销流程，合理控制费用支出，制定本制度。

本制度根据公司的实际情况，将费用报销分为日常办公费用及相关费用、采购药剂、设备维修及工程建设支出等。

本制度适用公司全体员工。

（一）借款管理规定与借款流程

1. 借款管理规定

（1）员工因公需要借款时，应合理预计所需金额并填写借款单，经领导批准后到财务科借款；在原有借据未办理报销手续或未还清欠款的不得再借。

（2）出差借款，在出差返回5个工作日内办理报销还款手续。

（3）其他临时借款，如业务费、周转金等，借款人员应及时报账，除周转金外其他借款原则上不允许跨月借支。

（4）各项借款金额超过1 000元应提前一天通知财务备款。

（5）借款人员完结事务，在10个工作日内办理还款手续，如有欠款从当月工资中扣除。

（6）个人非公原因一律不得向公司借支。

2. 借款流程

（1）借款人按规定填写借款单，注明借款事由、借款金额（大小写须完全一致，不得涂改）。

（2）审批流程：部门负责人审核→财务负责人→主管财务副总经理审批→所在分厂负责人→董事长、总经理。

（3）财务付款：借款人凭审批后的借款单到财务科办理借款手续。

（二）日常费用报销制度及流程

日常费用主要包括差旅费、交通费、办公费、低值易耗品及备品备件、业务招待费、培训费等。在一个预算期间内，各项费用的累计支出原则上不得超出预算。

1. 费用报销的一般规定

（1）先借款后报销的业务事项，经办人应在业务发生后3日内办理报销，将相关报销单据整理完毕后报至财务管理中心。

（2）报销单内容应填写完整，包括：报销日期、部门、附单据张数、报销内容、报销金额、经办人等。

（3）报销单上填写的相关内容不允许有涂改。

（4）报销金额注意大写、小写规范。

2. 费用报销的一般流程

报销人整理报销单据并填写对应费用报销单→交财务人员初审确认票据的合法性→主管经理签字→分厂负责人签字→主管财务副总经理审批→到出纳处报销。

三、差旅费

（1）出差人员出差前须通过出差审批，无出差审批的财务不予报销。

（2）省内出差住宿费限额为每人每天不超过330元。省外出差参照财政部发布的相关地区出差住宿标准限额标准执行。

（3）伙食补助费按照出差自然（日历）天数计算，省内出差每人每天100元包干使用。省外出差（西藏、青海）伙食补助为每人每天120元包干使用，其他外省（自治区、直辖市）伙食补助均为每人每天100元包干使用。

（4）公杂费是指工作人员因公出差期间发生的市内交通支出。市外出差每人每天80元包干使用，不再报销与市内交通、通信相关费用支出。出差人员由所在单位免费提供交通工具的，应如实申报，取消公杂费。

（5）工作人员外出参加会议、培训，举办单位统一安排食宿的，会议培训期间的食宿费及公杂费由会议、培训举办单位按规定统一支出（本单位只报销往来当天的伙食补助、公杂费）；往返会议、培训地点的差旅费由本单位按规定报销。

（6）工作人员出差结束后应及时办理报销手续，差旅费报销时应当提供出差审批表，机票、车票及住宿费发票等凭证。报销流程按费用报销一般流程执行。

四、业务招待费

（1）财务科根据《公务接待管理办法》等相关文件要求标准执行。因正常业务需进行业务招待时，应填写公务接待审批表，经主管经理和主管财务副总经理、董事长、总经理批准后方可进行，于招待事宜结束后凭有效票据报销。

（2）业务招待费报销时原则上单次业务的票据单独粘贴，同类业务发生金额较少时，两次业务的票据可按时间发生顺序依次合并粘贴。不允许两次以上的同类业务或不同类型的业务的报销票据同时粘贴在一张报销粘贴单上

（3）业务招待费报销时粘贴单注明"业务招待费"字样，并在综合办进行备案，不允许到营业性娱乐场所消费。

（4）其他非公招待由个人承担。

（5）报销流程按费用报销一般流程执行。

五、培训费

（1）各科室因工作需要参加培训的，应提供"培训通知"并填写"培训申请单"，详细注明培训内容、目的、地点、培训人数、培训天数等，经部门负责人核实签字、主管经理签字后方可前往，培训结束后应及时到财务科办理报销手续。

（2）培训人员应严格控制其费用总额，不得无故超支。

（3）培训结束后5日内按规定办理费用报销手续。

（4）报销流程按费用报销一般流程执行。

六、办公费报销

（1）办公用品采购前应先进行采购审批，经相关领导同意后进行，无审批不报销。

（2）办公费用在进行报销时不论金额大小，均需取得合法的与经济活动相符的发票、行政事业性收据或其他有效外部凭证。

（3）办理业务时应向对方索取正规票据，杜绝假票、无发票专用章的票据，票据抬头应填写公司全称。

（4）各项办公费分类粘贴在粘贴单上，粘贴时应折叠整齐、错落有序，便于单据的审核和装订、保管。

（5）粘贴单内容应填写完整并不允许有涂改，报销金额注意大写、小写的规范。如报销金额少于票据金额，应在票据背面列明实报金额，并签字确认。

（6）如购买物品2种以上，而发票上无明细，应附购物小票或对方盖章的明细清单。

（7）办公用品应先进入办公用品仓库，由仓库管理员填写入库单，在办公用品报销时附于粘贴单上。

（8）票据粘贴好后先由其所在部门负责人签字，送至财务科由财务人员审核票据合法合规性，审核无误后由相关负责人审批，最后由主管财务副总经理签字确认，视公司资金情况及时报销。

（9）财务科对支出不真实、不合法或审批手续不全的票据不予报销。

（10）先借款后报销的业务事项，经办人应在业务发生后5日内办理报销，将相关报销单据整理完毕后报至财务科。

七、生产费用报销制度及流程

生产费用包括生产物资、设备配件、生产药剂、零星工程、改造工程、劳务服务等。

（一）费用报销的一般规定

（1）所购买物资必须先进行采购申请审批，审批通过后再进行采购，无审批者不报销。

（2）需与供应商签订合法有效的供应合同。

（3）需附所购买物资的入库单。

（4）报销人必须取得合法有效的发票。

（5）报销单内容应填写完整，包括报销日期、部门、附单据张数、报销内容、报销金额、经办人等。

（6）报销单上填写的相关内容不允许有涂改。

（7）报销金额注意大写、小写规范。

（二）费用报销的一般流程

报销人整理报销单据并填写对应费用报销单→部门负责人复核签字→交财务人员初审确认票据的合法性→主管经理签字→主管财务副总经理审批→到出纳处报销。

1. 生产药剂报销

（1）由申请人填写零星采购申请表，报相关领导审批。

（2）药剂到达，由采购小组组长、仓库负责人、生产科负责人共同监督过磅，化验室取药剂实验样进行化验并如实出具化验结果。

（3）药剂发票需备注本张发票所包含的药剂批次及数量。

（4）采购人将取得的发票、合同、药剂化验结果、入库单及采购申请单粘贴在粘贴单上，经财务人员审核无误后签字确认方可报销。

2. 生产物资、设备配件

（1）由申请人填写采购申请表，报相关领导审批。

（2）物资到达，由仓库负责人及采购申请人监督入库，填写入库单。

（3）如购买物品2种以上，而发票上无明细，应附购物小票或对方盖章的明细清单。

（4）采购人将取得的发票、合同、入库单及采购申请单粘贴在粘贴单上经财务人员审核无误后签字确认方可报销。

3. 零星工程、改造工程、劳务服务

（1）由申请人填写零星采购申请表，报相关领导审批。

（2）完工后，采购人填写零星工程验收单，注明详细工程量及验收意见。

（3）采购人将本工程所取得的票据、清单、出入库单及采购申请单粘贴在粘贴单上，经财务人员审核无误后签字确认方可报销。

（4）其他费用报销参照日常费用报销制度办理。

八、报销时间的具体规定

为了协调公司对内、对外的业务工作安排，节约成本、提高工作效率，方便员工费用报销，财务科将报销时间具体安排为每月20~30日。

本制度由公司企管办负责解释。

本规定自发布之日起生效，原报销制度同时废止。

第三节　企业质量管理

一、质量管理的发展过程

质量管理已经成为一门新兴的学科，具有很强的综合性和实用性，并与其他学科相互交叉。质量管理应用了管理学、工程技术、数理统计等多门学科的方法。质量管理的发展过程大致经历了三个阶段。

（一）质量检验阶段

20 世纪以前，产品质量主要依靠操作者本人的技艺水平和经验来保证，属于"操作者的质量管理"。20 世纪初，以泰勒为代表的科学管理理论的产生，促使产品的质量检验从加工制造中分离出来，质量管理的职能由操作者转移给工长，是"工长的质量管理"。随着企业生产规模的扩大和产品复杂程度的提高，产品有了技术标准（技术条件），各种检验工具和检验技术也随之发展，大多数企业开始设置检验部门，有的检验部门直属于厂长领导，这时是"检验员的质量管理"。上述几种做法都属于事后检验的质量管理方式。

（二）统计质量控制阶段

1924 年，美国数理统计学家休哈特提出"控制和预防缺陷"的概念。他运用数理统计的原理提出在生产过程中控制产品质量的六西格玛法，绘制出第一张控制图并建立了一套统计卡片。与此同时，美国贝尔研究实验室提出关于抽样检验的概念及其实施方案，成为运用数理统计理论解决质量问题的先驱，但当时并未被企业界普遍接受。以数理统计理论为基础的统计质量控制的推广应用始自第二次世界大战。由于事后检验无法控制武器弹药的质量，美国国防部决定把数理统计方法应用于质量管理，并由标准协会制定有关数理统计方法应用于质量管理方面的规划，成立了专门委员会，并于 1941—1942 年先后公布一批战时的质量管理标准。

（三）全面质量管理阶段

20 世纪 50 年代以来，随着生产力的迅速发展和科学技术的日新月异，人们对产品的质量从注重产品的一般性能发展为注重产品的耐用性、可靠性、安全性、维修性和经济性等，在生产技术和企业管理中要求运用系统的观点来研究质量问题。管理理论也有了新的发展，突出重视人的因素，强调依靠企业全体人员的努力来保证产品质量。此外，随着"保护消费者利益"运动的兴起，企业之间的竞争越来越激烈。在这种情况下，美国的费根鲍姆于 20 世纪 60 年代初提出"全面质量管理"的概念。他提出，全面质量管理是为了能够在最经济的水平上，考虑到充分满足顾客要求的条件下进行生产和提供服务，并把企业各部门在研制质量、维持质量和提高质量方面的活动构成为一个整体的一种有效体系。

二、质量管理的特性

质量管理的发展与工业生产技术和管理科学的发展密切相关。

（一）质量的社会性

1. 坚持按标准组织生产

标准化工作是质量管理的重要前提，是实现管理规范化的需要。企业的标准分为技术标准和管理标准。技术标准实际上是从管理标准中分离出来的，是管理标准的一部分。技术标准主要分为原材料辅助材料标准、工艺工装标准、半成品标准、产成品标准、包装标准、检验标准等。在技术标准体系中，各个标准都是以产品标准为核心而展开的，都是为了达到产品标准服务的。

管理标准通过规范人的行为、规范人与人的关系、规范人与物的关系，是为提高工作质量、保证产品质量服务的。管理标准包括产品工艺规程、操作规程和经济责任制等。企业标准化的程度反映企业管理水平。企业要保证产品质量，一是要建立健全各种技术标准和管理标准，力求配套；二是要严格执行标准，把生产过程中物料的质量、人的工作质量给予规范，严格考核；三是要不断修订完善标准，贯彻落实新标准，保证标准的先进性。

2. 强化质量检验机制

质量检验在生产过程中发挥以下职能：一是保证的职能，也就是把关的职能。质量检验通过对原材料、半成品的检验，鉴别、筛选、剔除不合格品，并决定该产品或该批产品能否被接收。质量检验应保证不合格的原材料不投产，不合格的半成品不转入下道工序，不合格的产品不出厂。二是预防的职能。质量检验可以获得信息和数据，及时发现质量问题，找出原因并排除，预防或减少不合格产品的产生。三是报告的职能。质量检验部门将质量信息、质量问题及时向厂长或上级有关部门报告，为企业提高质量、加强管理提供必要的质量信息。

做好质量检验工作，一是要建立健全质量检验机构，配备能满足生产需要的质量检验人员和设备、设施。二是要建立健全质量检验制度，从原材料进厂到产成品出厂都要实行层层把关，做好原始记录，生产工人和检验人员责任分明，实行质量追踪。生产工人和检验人员的职能要紧密结合起来，检验人员不但要负责质量检验，还要指导生产工人。生产工人不能只管生产，生产出来的产品要先自行检验，实行自检、互检、专检三者相结合。三是要树立质量检验机构的权威。质量检验机构应在企业负责人的直接领导下开展工作，任何部门和人员都不能干预。

3. 实行质量否决权

产品质量靠工作质量来保证，工作质量的主要决定性因素是人。因此，如何发挥人的主观能动性，健全质量管理机制和约束机制，是质量管理工作的重要环节。

质量责任制或以质量为核心的经济责任制是提高人的工作质量的重要手段。质量管理在企业各项管理中占有重要地位，这是因为企业的重要任务就是生产产品，为社会提供使用价值，同时获得经济效益。质量责任制的核心就是企业管理人员、技术人员、生产人员在质量问题上实行责、权、利相结合。生产过程质量管理首先要为各个岗位及其人员分析质量职能，即明确在质量问题上负什么责任、工作的标准是什么。生产过程质量管理要把生产人员的产品质量与经济利益紧密挂钩，奖罚分明。

此外，为突出质量管理工作的重要性，企业要实行质量否决制度。企业要把质量指标作为考核干部职工的一项硬指标，不管其他工作做得如何好，只要在质量问题上出了问题，在评选先进、晋升时实行一票否决。

质量是企业的生命，是一个企业整体素质的展示，也是一个企业综合实力的体现。伴随着人类社会的进步和生活水平的提高，顾客对产品质量的要求越来越高。因此，企业要想长期稳定发展，必须围绕质量这个核心开展生产，加强产品质量管理。

（二）质量的经济性

质量不仅应从某些技术指标来考虑，还应从制造成本、价格、使用价值和消耗等方面来综合评价。企业在确定质量水平或目标时，不能脱离社会条件和需要，不能单纯追求技术上的先进性，还应考虑使用上的经济合理性，使质量和价格达到合理的平衡。

（三）质量的系统性

质量是一个受到设计、制造、安装、使用、维护等因素影响的复杂系统。例如，汽车是一个复杂的机械系统，同时又是涉及道路、司机、乘客、货物、交通制度等特点的使用系统。产品的质量应该达到多维评价的目标。

质量管理发展到全面质量管理阶段是一个大的进步。产品质量的形成过程不仅与生产过程有关，还与其他许多过程、环节和因素相关联。全面质量管理相对更加适应现代化大生产对质量管理整体性、综合性的客观要求，从过去限于局部性的质量管理进一步走向全面性、系统性的质量管理。

三、质量管理方法

（一）全面质量管理方法

全面质量管理方法是为了保证产品质量而进行全面质量管理时所采用的各种技术和方法。自20世纪60年代以来，全面质量管理方法不断得到发展与完善，已经形成一系列功能比较齐全、能解决不同层次质量问题的方法群。

1. 数理统计方法

数理统计方法的基本原理是从一批产品中抽取一定数量的样品，经过测试，得到该批产品的质量数据，再运用统计推断方法对总体的质量情况做出预测，揭示其质量变化规律。其中，用于寻找主要影响因素的方法有分层法、因果图法、主次排列图法等；用于找出影响因素之间内在联系与特性规律的方法有相关分析法、正交实验法等；用于工艺过程中质量控制与预测的方法有直方图法、控制图法、抽样检验法。

2. 循环图法

循环图法（PDCA）是由计划（plan）、执行（do）、检查（check）和处理（action）四个阶段构成循环质量管理的方法。循环图法每完成一次循环就解决一批质量问题，同时将本次循环中遗留的问题再转入下一个循环去解决，使产品质量不断得到提高。

3. 现代质量管理方法

现代质量管理方法是现代科学技术与质量管理相结合的方法，如关系图法、系统图法、矩阵图法、过程决策规划图法（PDPC）、矩阵数据分析法、矢线图法等。这些方法中用到了系统理论、矩阵数学、网络技术以及电子计算机等科学技术。

4. 群众性质量管理方法

群众性质量管理方法把第一线职工组成质量管理小组，学习和运用质量管理的科学方法，组织好自检、互检，开展好日常质量管理活动和工艺过程的质量管理活动，严格执行工艺操作规程，消除隐患，实现文明生产，使生产现场秩序井然，全面保证产品质量。

（二）六西格玛

六西格玛是一种管理策略，是由当时在摩托罗拉公司任职的工程师比尔·史密斯（Bill Smith）于1986年提出的。这种策略主要强调制定极高的目标、收集数据以及分析结果，通过这些来减少产品和服务的缺陷。

20世纪90年代中期，六西格玛被通用电气公司从一种全面质量管理方法演变成一个高度有效的企业流程设计、改善和优化的技术，并提供了一系列同等适用于设计、生产和服务的新产品开发工具，进而与通用电气公司的全球化、服务化等战略齐头并进，成为追求管理卓越性的重要战略举措。六西格玛逐步发展成为以顾客为主体来确定产品开发设计的标尺和追求持续进步的管理哲学。

一般来讲，六西格玛包含以下三层含义：

（1）六西格玛是一种质量尺度和追求的目标，定义方向和界限。

（2）六西格玛是一套科学的工具和管理方法，进行流程的设计和改善。

（3）六西格玛是一种经营管理策略。六西格玛是在提高顾客满意度的同时降低经营成本的方法。

（三）鱼骨图

鱼骨图又称因果图、石川图，是指一种发现问题"根本原因"的分析方法。现代工商管理将鱼骨图划分为问题型、原因型以及对策型等类别。

鱼骨图由日本管理大师石川馨发明，是一种发现问题"根本原因"的方法。鱼骨图的特点是简洁实用，深入直观。鱼骨图看上去有些像鱼骨的形状，问题或缺陷

（后果）标在"鱼头"处。"鱼刺"上按出现机会多寡列出产生问题的可能原因，有助于说明各个原因是如何影响后果的。

（四）直方图

直方图（histogram）又称质量分布图，是一种统计报告图，由一系列高度不等的纵向条纹或线段表示数据分布的情况。直方图一般用横轴表示数据类型、纵轴表示分布情况。

直方图反映的是一个连续变量（定量变量）的概率分布的估计情况，被卡尔·皮尔逊（Karl Pearson）首先引入。直方图是一种条形图。构建直方图的第一步是将值的范围分段，即将整个值的范围分成一系列间隔，然后计算每个间隔中有多少值。这些值通常被指定为连续的、不重叠的变量间隔。间隔必须相邻，并且通常是相等的（但不是必须相等）。

在质量管理中，如何预测并监控产品质量状况？如何对质量波动进行分析？直方图是一目了然地把这些问题进行图表化处理的工具。直方图通过对收集到的貌似无序的数据进行处理，来反映产品质量的分布情况，判断和预测产品质量及不合格率。

直方图是表示资料变化情况的一种主要工具，可以比较直观地反映出产品质量特性的分布状态，便于判断总体质量分布情况。

制作直方图涉及统计学的概念，首先要对资料进行分组。如何合理分组是制作直方图的关键问题。

制作直方图的目的是通过观察直方图的形状，判断生产过程是否稳定，预测生产过程的质量。

参考文献

[1] 曹国建. 全地下式污水处理厂通风系统节能优化研究 [J]. 节能与环保, 2020 (4)：67-69.

[2] 陈彦旭, 战振海. 数字经济对企业内部环境治理的影响 [J]. 中国农业会计, 2021 (8)：6-7.

[3] 丁超, 贾卫宏. 地下式污水处理厂除臭系统思考与研究 [J]. 科技展望, 2016 (36)：125.

[4] 段友丽, 陈浩宇, 李雨时. 国内地下式污水处理厂筹建模式及发展前景 [J]. 净水技术, 2020 (A2)：34-39.

[5] 房阔, 王凯军. 我国地下式污水处理厂的发展与生态文明建设 [J]. 给水排水, 2021 (8)：49-55.

[6] 侯锋, 王凯军, 曹效鑫, 等.《地下式城镇污水处理厂工程技术指南》解读 [J]. 中国环保产业, 2020 (1)：20-25.

[7] 黄海伟, 赵尤阳, 谢祥. 城市更新背景下地下式污水处理厂建设模式探索 [J]. 建设科技, 2021 (6)：55-59.

[8] 黄晓莉, 戴栋超, 雷菲宁, 等. 地下式污水处理厂大空间火灾实体模拟试验的研究 [J]. 中国市政工程, 2021 (2)：67-71.

[9] 刘常宝. 电子商务物流 [M]. 北京：机械工业出版社, 2018.

[10] 刘常宝. 企业战略管理 [M]. 北京：科学出版社, 2009.

[11] 刘常宝. 现代仓储与配送管理 [M]. 北京：机械工业出版社, 2019.

[12] 刘常宝. 项目管理理论与实务 [M]. 北京：机械工业出版社, 2018.

[13] 王静, 韩启昊. 数字经济对商贸流通业利润影响实证研究 [J]. 商业经济研究, 2021 (17)：29-31.

[14] 王燕, 孙世昌. 地下式污水处理厂工程设计内容探讨 [J]. 环境科学导刊, 2017 (5)：55-58.

[15] 魏天池, 徐君. 科创企业内部控制面对数字经济的思考及对策 [J]. 物流工程与管理, 2021 (1)：166-169

［16］肖葵.“数字经济”背景下的企业财务管理发展［J］.财经界，2022（5）：125-127.

［17］姚兴安，闫林楠.数字经济研究的现状分析及未来展望［J］.技术经济与管理研究，2021（2）：3-8.

［18］姚震宇.区域市场化水平与数字经济竞争：基于数字经济指数省际空间分布特征的分析［J］.江汉论坛，2020（12）23-33：

［19］张淼.数字经济赋能会计改革与发展研究［J］.黑河学院学报，2022（1）：38-40.

［20］张毅，刘永代，万玉生.全地下式污水处理厂埋置深度设计优化［J］.中国给水排水，2016（18）：49-52.